V. 2604.
1 C.

V

9WK7?48

ASTRONOMIE NAUTIQUE LUNAIRE,

Où l'on traite de la Latitude & de la Longitude en mer, de la Période ou *Saros,* des parallaxes de la Lune avec des Tables du Nonagésime sous l'Équateur & sous les Tropiques, suivies d'autres Tables des mouvemens du Soleil & des Étoiles fixes, auxquelles la Lune sera comparée dans les voyages de long cours.

A PARIS,
DE L'IMPRIMERIE ROYALE.

M. DCCLXXI.

23328

AU ROI,

SIRE,

AYANT déjà présenté à VOTRE MAJESTÉ l'Histoire céleste où il est fait mention des premiers Essais sur la science des Longitudes à la Mer ; j'ai rapporté ces évènemens, à juste titre, au rétablissement de la Marine en France, il y a bientôt cent cinquante ans.

*J'ose encore, SIRE, offrir ici à VOTRE MAJESTÉ l'*Astronomie Nautique

Lunaire, *laquelle a pris sous votre règne son principal accroissement. En vain voyons-nous aujourd'hui les efforts d'une Nation rivale; en vain voudroit-elle envahir tout ce qui concerne la science des Longitudes : elle est réduite à des époques moins anciennes, à des routes qui deviennent infructueuses si on ne les entretient pas à grands frais, & à emprunter chaque jour de ses voisins ses richesses littéraires.*

Faudroit-il donc, pour affecter vraiment les Nations, qu'elles ne devinssent sages que lorsqu'elles sont humiliées ! & ne faut-il pas que plus d'harmonie entre elles soit la source du bonheur des hommes, & de cette tranquillité qui est la base des vraies productions & le ressort du génie !

Ce tableau si varié d'une modération constante, dont VOTRE MAJESTÉ, *dans le sein même de ses victoires, a donné l'exemple, nous a valu, SIRE, des biens réels nés du calme, que l'Europe entière connoît & qu'elle est forcée d'admirer.*

Je suis avec le plus profond respect,

SIRE,

DE VOTRE MAJESTÉ,

Le très-humble, très-obéissant &
très-fidèle sujet & serviteur,
LE MONNIER.

ERRATA.

Page 45, ligne 11, au lieu de Stoplerinus, *lisez* Stoplherinus.

Page 48, sixième colonne, ligne 14, au lieu de 1d 27′ 14″ —, *lisez* 1. 27. 20 —,

Page 79, ligne 14; & page 80, lignes 14 & 21, au lieu de contre l'ordre, &c. *lisez* suivant l'ordre des signes.

ASTRONOMIE

ASTRONOMIE NAUTIQUE LUNAIRE.

PREMIÈRE PARTIE,

Où l'on donne les erreurs des Tables Lunaires des Institutions astronomiques pendant l'année 1753, pour servir à la Mer en l'année 1771.

L'ACADÉMIE des Sciences a été consultée plusieurs fois depuis trois à quatre ans sur les moyens de perfectionner la Navigation, & de rectifier sur-tout la latitude & la longitude d'un Vaisseau, par des moyens plus exacts, & incomparablement plus certains que les moyens usités & vulgaires.

Le Public est déjà instruit du progrès

ſingulier de l'Horlogerie dans les Montres marines qui ont mérité, à juſte titre, les éloges des Académies des Sciences & de la Société Royale d'Angleterre. M. de Charnières, Lieutenant de Vaiſſeau, a découvert pareillement, lorſqu'on ne ſongeoit uniquement qu'à perfectionner les octans de réflexion, un inſtrument beaucoup plus exact, & qui donne à la mer les diſtances de la Lune aux Étoiles, avec une préciſion qui approche de celle dont on oſe ſe flatter dans les meilleurs Obſervatoires de l'Europe.

Des ſuccès auſſi rapides, annoncés dans un temps où l'on s'en croyoit encore fort éloigné, ont mérité d'abord l'attention des Mathématiciens & de célèbres Navigateurs, que les obſtacles qui reſtent à vaincre n'étoient pas capables de rebuter. D'ailleurs il étoit naturel de réfléchir pluſieurs fois ſur les moyens qui ſembloient manquer aujourd'hui à la recherche la plus fréquente des latitudes & des longitudes à la mer. Comment doit-on y employer, avec moins de travail, ces méthodes déjà connues du plus petit nombre des Navigateurs ? Examinons d'abord l'état actuel des Écrits modernes.

Jusqu'ici l'Astronomie nautique n'avoit été considérée par M. de Maupertuis & par ses Commentateurs, que relativement aux Problèmes de la Sphère : on a même confondu, dans une édition du Traité du Pilotage de feu M. Bouguer, sa méthode de trouver la latitude, par trois hauteurs, aux environs du Méridien, avec la méthode des solstices de Halley, ce qui ne pouvoit être utile qu'aux environs des Pôles, & devient très-dangereux pour les Navigateurs, aux approches des Tropiques & de la Ligne équinoxiale. Il est donc nécessaire que l'Astronomie nautique à mesure qu'elle s'élève, & qu'elle développe successivement toutes ses branches, paroisse en meilleur état sous les yeux du Public : n'a-t-elle pas déjà bientôt acquis sa principale étendue ?

Ce fut dans cette vue qu'en l'année 1766 on se proposa de rectifier les positions des Étoiles de la première grandeur, parce qu'elles ont un mouvement réel, indépendamment de la préceſſion des Équinoxes, ce qui en change évidemment la latitude & leurs réductions annuelles en longitude & en aſcenſion droite. D'ailleurs l'Aſtronomie nautique lunaire a été tant de fois eſſayée par diverſes Tables, qui n'ajoutent rien d'aſſez évident à la théorie newtonienne, que les Marins en paroiſſent effrayés; ſoit que la longueur des calculs ſur ces Tables les y détermine, ſoit qu'on leur ait annoncé trop légèrement plus de juſteſſe de la part de ces Tables qu'elles n'en ſont ſuſceptibles. L'Académie des Sciences, pour y remédier, a conſtamment propoſé, en ces années-ci, pour ſujet du Prix, la Théorie de la Lune, vers laquelle nous devons tendre naturellement avec le plus d'ardeur; mais cela n'empêche pas que les Navigateurs n'emploient, avec ſuccès, à la mer, les Tables Newtoniennes, & leurs erreurs connues, à l'aide de la période de 18 ou 36 ans, &c. lorſque la diſtance de la Lune au Soleil reparoît la même, à quelques degrés près. Or les tables newtoniennes ſont encore les plus expéditives.

Comme l'on avoit proposé d'armer une Frégate d'expérience, pour le printemps 1771, voici les observations correspondantes de 1753, faites à mon quart-de-cercle mobile, & avec l'instrument des passages, que j'ai réduites & comparées aux Tables des institutions. J'avertirai qu'on avoit déjà eu soin d'avancer d'une minute, l'époque des moyens mouvemens de la Lune par ces Tables, en quoi elles diffèrent, principalement de celles de Halley : on s'y détermina à cause de l'accélération du mouvement de la Lune, dont on ne se doutoit qu'à peine au commencement de ce siècle, lorsque Gregori a commenté l'Écrit sur la Théorie de la Lune, que M. Newton lui avoit communiqué. On pourroit donc refaire une troisième fois la Table de ces époques; mais il y a d'autres équations, à commencer par les équations annuelles, que l'on connoît aujourd'hui avec plus de précision, qu'il faudroit rectifier en même temps; ce qui exigeroit une nouvelle édition de ces mêmes Tables, si ce n'est que cela se trouve compensé tous les 18 ans, par les erreurs des Tables, telle que dans la dernière colonne ci-dessous.

			TEMPS VRAI.	☾ — ☉	ARG. ANN.
			H. M. S.	S. D. M.	S. D. M.
91.e Lunaison.	1753. 8 Mars	Au soir.	2. 25. 19 $\frac{1}{4}$	1.09.13	1. 17. 21 $\frac{2}{5}$
	9.		3. 15. 03 $\frac{1}{2}$	1.21.41	1. 18. 16 $\frac{1}{4}$
	10.		4. 04. 27 $\frac{1}{2}$	2.04.30	1. 19. 11
	13.		6. 57. 23	3.15.09	1. 21. 56 $\frac{1}{3}$
	16.		9. 48. 57 $\frac{1}{2}$	4.27.34	1. 24. 41
	18. centre.		11. 38. 24 $\frac{1}{2}$	5.25.32 $\frac{1}{2}$	1. 26. 31
	21.	Au matin.	1. 24. 28 $\frac{1}{2}$	6.22.29	1. 28. 20
	22.		2. 16. 50 $\frac{1}{2}$	7.05.27 $\frac{1}{2}$	1. 29. 14 $\frac{2}{3}$
	24.		4. 00. 18	8.00.25	2. 01. 03 $\frac{2}{3}$
	26.		5. 40. 27	8.24.13 $\frac{1}{2}$	2. 02. 52 $\frac{1}{2}$
	31.		9. 29. 20 $\frac{1}{2}$	10.21.17 $\frac{1}{3}$	2. 07. 23 $\frac{1}{4}$

		LONG. OBSERVÉE.	LONG. CALCULÉE.	ERREUR.
		D. M. S.	D. M. S.	M. S.
1753. 8 Mars	Au matin.	♉ 28.02.07 $\frac{1}{2}$	♉ 28.00.42 $\frac{1}{2}$	—1.25
9.		♉ 11.27.46 $\frac{1}{2}$	♉ 11.26.45	—1.01 $\frac{1}{2}$
10.		25.09.42	25.07.04	—2.38
13.		♋ 8.06.34	♋ 8.05.09	—1.25
16.		♌ 25.37.10	♌ 25.37.05	—0.05
18.		♍ 24.08.50	♍ 24.07.51 $\frac{1}{2}$	—0.58 $\frac{1}{2}$
21.	Au soir.	♎ 23.36.05	♎ 23.36.15	+0.10 $\frac{1}{2}$
22.		♏ 7.43.17	♏ 7.42.23	—0.54
24.		♐ 4.36.30	♐ 4.35.43	—0.47
26.		♑ 0.03.47 $\frac{1}{2}$	♑ 0.02.07 $\frac{1}{2}$	—1.40
31.		♓ 1.40.07	♓ 1.39.45	—0.22

La révolution des nœuds de la Lune est un peu plus longue, comme l'on sait, que la Période de 223 lunaisons ou *Saros;* elle est de 18$\frac{2}{3}$ années moins 17 jours.

Au contraire, celle de l'Apogée se faisant en 9 ans moins 56 jours; les deux Périodes sont moins longues que celle du *Saros;* enfin les 223 lunaisons de la Période, sont censées, à cause de la nutation, commencer comme en 1764 & 1745, lorsque le nœud, rétrograde, a reparu en ♈.

La moitié de cette 91.e lunaison avoit été observée en 1735; mais les observations n'ont pu être faites en décours après la pleine Lune du 8 Mars, parce que l'alidade du quart-de-cercle fut démontée à dessein de la faire servir, à cause de son micromètre, dans le Pérou: elle ne fut rétablie, ce vain projet ayant manqué, qu'un mois après. Voici donc les observations de la lunaison suivante, faites en 1753.

		TEMPS VRAI.	☾ — ☉	ARG. ANN.
		H. M. S.	S. D. M.	S. D. M.
1753 11 Avril		6. 54. 08⅓	3. 11. 20	2. 17. 18⅓
12.	Au soir.	7. 48. 56	3. 25. 18	2. 18. 12½
13.	Au soir.	8. 42. 15	4. 09. 13	2. 19. 06½
15.	Au soir.	10. 26. 14	5. 06. 32	2. 20. 54
16. centre.		11. 18. 56	5. 19. 49½	2. 21. 48
18. centre.		0. 10. 35½	6. 02. 50	2. 22. 41¾
20.	Au matin.	1. 56. 07¼	6. 27. 56½	2. 24. 29½
21.	Au matin.	2. 48. 00¼	7. 10. 05	2. 25. 23
23.	Au matin.	4. 27. 58	8. 03. 41⅓	2. 27. 10⅓
25.	Au matin.	6. 01. 56¼	8. 26. 43½	2. 28. 57⅓
27.		7. 30. 12	9. 19. 38¼	3. 00. 43¾

92.e Lunaison.

		LONG. OBSERVÉE.	LONG. CALCULÉE.	ERREUR.
		D. M. S.	D. M. S.	M. S.
1753 11 Avril		♌ 3.04.20⅓	♌ 3.01.38	—2.42⅓
12.	Au soir.	17.55.46	17.51.59	—3.47
13.	Au soir.	♍ 2.47.48	♍ 2.43.56½	—3.52
15.	Au soir.	♎ 2.18.12½	♎ 2.15.34	—2.36⅓
16.		16.46.34½	16.46.08½	—0.26
18.		♏ 1.00.13	♏ 1.00.15	+ 0.08
20.	Au matin.	28.29.44½	28.28.30	—1.14½
21.	Au matin.	♐ 11.43.07	♐ 11.41.34	—1.33
23.	Au matin.	♑ 7.15.17	♑ 7.13.42	—1.35
25.	Au matin.	♒ 1.58.18	♒ 1.58.08½	—0.09½
27.		26.30.55½	26.32.18½	+ 1.23

En 1735, le 15 Avril, la deuxième quadrature de la Lune a été obſervée ſoigneuſement à la lunette murale, relativement à *Sirius*, qui passoit presque à même hauteur, & l'on a publié, *page 33 du 1.er Livre* in-folio *des Observations de la Lune*, les ascensions droites & déclinaisons observées pour lors. Comme l'ascension droite du milieu du Ciel indique une parallaxe d'ascension droite de 19 secondes soustractive, au temps de la 1.re des deux observations, on aura comme il suit:

	TEMPS VRAI.	☾ — ☉	ARG. ANNUEL.
	H. M. S.	*S. D. M.*	*S. D. M.*
1735 15 Avril au matin.	6. 09. 10	8. 29. 52$\frac{1}{5}$	3. 02. 11$\frac{7}{8}$
	6. 11. 02$\frac{1}{2}$	8. 29. 53	3. 02. 12

	LONG. OBSERVÉE.	LONG. CALCULÉE.	ERREUR.
	D. M. S.	*D. M. S.*	*M. S.*
1735 15 Avril au matin.	♑ 24. 43. 30	♑ 24. 42. 40	—0. 50
	24. 44. 23	24. 43. 36	—0. 47

Ainsi la 2.e quadrature de la 92.e lunaison, se trouve suffisamment vérifiée, & l'erreur des Tables est négative dans les deux cas, & diffère à peine d'un tiers de minute de l'observation, les 15 Avril 1735 & 25 Avril 1753: la distance de la Lune au Soleil étoit alors la même à 3 degrés près.

On trouvera à la fin de cet Ouvrage la suite des observations de l'année 1753; mais il est à propos d'insister ici sur les Tables qui doivent servir à rectifier la latitude du lieu où l'on observe, parce que c'est la 1.re supposition qu'on est obligé de faire, soit dans la recherche de l'heure vraie du Soleil, soit dans celle des longitudes à la mer par les distances observées.

Pour trouver la latitude d'un lieu, ou de tel point de l'océan où la méridienne n'est tracée que grossièrement, à l'aide de la boussole, nos meilleurs Pilotes sont dans l'usage de mesurer plusieurs fois la plus grande hauteur de l'astre, & de considérer la plus petite de toutes les distances au zénit, comme la meilleure distance & celle qui doit répondre au vrai méridien; d'où l'on en déduit alors par les règles connues, la latitude que l'on cherche.

Mais comme le Ciel n'est pas toujours également serein, il est rare que l'on observe pour un ſeul inſtant précis, la hauteur méridienne à l'aide de la bouſſole; ſur-tout lorſqu'on ignore ſi l'on n'a pu meſurer autre choſe que la ſeule hauteur de l'aſtre, ſoit dans le plan même, ſoit aux environs du méridien; il faut donc, avant que d'en écrire les concluſions, s'y préparer, & ſavoir primitivement l'heure vraie, ſoit par les Montres marines, ſoit avec de bonnes Montres ordinaires, qu'on aura eu ſoin de régler au matin par quelques hauteurs obſervées du Soleil, s'il s'agit de cet aſtre; ou enfin par quelque hauteur orientale de la planète ou d'une Étoile, ſi c'eſt l'aſtre qu'on ſe propoſe de conſulter à ſon paſſage par le méridien, ſinon à peu de diſtance connue du plan de ce cercle.

Sous l'Équateur & ſous les Tropiques, il eſt fort dangereux, comme on le verra ci-après, de ne pas connoître ſi l'aſtre eſt au vrai méridien, ou du moins le temps écoulé entre l'obſervation qu'il a été poſſible de faire, & celle du paſſage de l'aſtre par le vrai méridien qu'aura donné le calcul des hauteurs orientales. Cela ſe reconnoît à l'inſpection des Tables ſuivantes.

TABLE des Abaissemens de l'Astre situé dans l'Équateur pour 0h 3' & 4' avant & après le passage au Méridien.

Hauteur du Pole. Degrés.	D. M. S.	D. M. S.
0	0. 45. 00	1. 00. 00
1	0. 14. 59	0. 24. 51
2	0. 08. 10	0. 14. 09 ½
2 ½	0. 06. 36	0. 11. 33
3	0. 05. 32 ½	0. 09. 44
4	0. 04. 10	0. 07. 22 ½
5	0. 03. 21	0. 05. 55 ½
10	0. 01. 39 ½	0. 02. 57
15	0. 01. 06	0. 01. 57
20	0. 00. 48 ¾	0. 01. 26 ½
23 ½	0. 00. 40 ⅔	0. 01. 12
25	0. 00. 38	0. 01. 07 ½
30	0. 00. 30 ⅔	0. 00. 53 ⅓
35	0. 00. 25	0. 00. 45
40	0. 00. 21,1	0. 00. 37 ½
45	0. 00. 17,7	0. 00. 31 ½
Paris — 48 ⅚	0. 00. 15,5	0. 00. 27 ½
50	0. 00. 14,8	0. 00. 26 ⅖
55	0. 00. 12,4	0. 00. 22
60	0. 00. 10,1	0. 00. 18
65	0. 00. 8,0	0. 00. 14 ⅓
70	0. 00. 6,0	0. 00. 11 ½
75	0. 00. 4,5	0. 00. 08 ⅓
80	0. 00. 3,0	0. 00. 05 ½
90	0 00. 0,0	0. 00. 00
	pour 0h 3', avant ou apres le second.	pour 0h 4'

Les distances au zénit, lorsque le Soleil ou l'astre que l'on observe ne s'approchent pas du zénit de plus de 4 à 3 degrés, varient constamment comme les quarrés des temps; ainsi si le Pilote a pris sa hauteur ou distance au zénit, à 25 degrés de latitude le jour de l'équinoxe, & qu'ayant comparé l'instant auquel il a fait son observation avec le temps vrai, conclu des observations des hauteurs orientales, il y ait, par exemple, 5′ 00″ d'heure après midi; la règle générale pour corriger la distance au zénit, est de faire comme le quarré de 4′ est au quarré de 5′, ou bien comme 16 est à 25 :: ainsi 67″ $\frac{1}{2}$ à un 4.e terme; savoir, 105″ $\frac{1}{2}$. La hauteur que le Pilote a observée est donc trop petite de 1′ 45″ $\frac{1}{2}$: telle est la correction qu'il doit faire à 25 degrés de latitude à l'aide de la Table ci-dessus, l'astre étant dans l'équinoxial.

L'échelle logarithmique de *Gunter,* donnera facilement le 4.e terme de cette proportion, & plus facilement encore si l'échelle des nombres est double; c'est-à-dire s'il y en a une qui glisse sur l'autre comme aux règles que feu M. *Sauveur* fit exécuter aux Artistes *Sevin* & *le Bas.*

Deuxième Table des Abaissemens du Soleil à chaque minute avant & après midi sous l'Équateur.

DÉCLI-NAISON.	0^h 01′	0^h 02′	0^h 03′	0^h 04′
D. M.	D. M. S.	D. M. S.	D. M. S.	D. M. S.
0. 00	0. 15. 00	0. 30. 00	0. 45. 00	1. 00. 00
0. 05	0. 10. 45	0. 25. 25	0. 40. 15	0. 55. 10
0. 10	0. 07. 55	0. 21. 35	0. 36. 02½	0. 50. 50
0. 15	0. 06. 10	0. 18. 30	0. 32. 22½	0. 46. 45
0. 20	0. 04. 57½	0. 16. 00	0. 29. 12½	0. 43. 15
0. 25	0. 04. 07½	0. 14. 00	0. 26. 30	0. 40. 00
0. 30	0. 03. 30	0. 12. 22½	0. 24. 07½	0. 37. 05
0. 35	0. 03. 02½	0. 11. 02½	0. 22. 00	0. 34. 27½
0. 40	0. 02. 42½	0. 09. 57½	0. 20. 12½	0. 32. 07½
0. 45	0. 02. 22	0. 09. 02½	0. 18. 37½	0. 30. 02½
0. 50	0. 02. 10	0. 08. 17½	0. 17. 17½	0. 28. 07½
0. 55	0. 02. 00	0. 07. 37½	0. 16. 05	0. 26. 25
1. 00	0. 01. 50	0. 07. 05	0. 15. 00	0. 24. 52½
1. 10	0. 01. 34	0. 06. 08	0. 13. 12½	0. 22. 12½
1. 20	0. 01. 22	0. 05. 26	0. 11. 47	0. 20. 00
1. 30	0. 01. 14	0. 04. 50	0. 10. 35	0. 18. 10
1. 40	0. 01. 07	0. 04. 25	0. 09. 40	0. 16. 37½
1. 50	0. 01. 01	0. 04. 02	0. 08. 52	0. 15. 20
2. 00	0. 00. 55	0. 03. 40	0. 08. 10½	0. 14. 10
2. 20	0. 00. 45½	0. 03. 10	0. 07. 02½	0. 12. 19
2. 40	0. 00. 41	0. 02. 46	0. 06. 12½	0. 10. 51
3. 00	0. 00. 38	0. 02. 29	0. 05. 32½	0. 09. 44½
4. 00	0. 00. 30½	0. 01. 52½	0. 04. 11	0. 07. 22
5. 00	0. 00. 24	0. 01. 33	0. 03. 21	0. 05. 55
6. 00	0. 00. 21	0. 01. 17	0. 02. 48	0. 04. 56½

Les déclinaiſons du Soleil, boréales ou auſtrales, ne s'étendent ici que juſqu'à ſix degrés, & cette Table ne ſert uniquement qu'à ceux qui ſont dans le cas de paſſer la ligne équinoxiale. *Voyez ci-après, pour les autres déclinaiſons du Soleil.*

Il eſt aiſé d'apercevoir que juſqu'à 3 degrés de diſtance du Soleil au zénit, la loi de progreſſion doit être attentivement obſervée, s'il s'agit d'interpoler pour les temps intermédiaires. Car, puiſque ſous l'Équateur, la déclinaiſon du Soleil étant 0 degrés, *les diſtances au zénit ſont proportionnelles aux temps;* mais qu'au-delà de 3 degrés de diſtance au zénit, elles ſont conſtamment proportionnelles *aux quarrés des temps;* il s'enſuit que juſqu'à 3 degrés de diſtance au zénit, aucune loi générale ne ſauroit avoir lieu, & qu'il faut ainſi recourir à la voie de l'interpolation pour tout autre temps intermédiaire.

Suite de la première Table, l'Astre étant situé à 23 degrés 28 $\frac{1}{3}$ min. de l'Équateur, pour 0h 3' avant & après le passage au Méridien.

Hauteur du Pôle.		
0^d	$0^h\ 00'\ 41''\frac{1}{4}$	$0^d\ 00'\ 41''\frac{1}{4}$
5	0. 00. 51 $\frac{1}{2}$	0. 00. 34
10	0. 01. 08 $\frac{3}{5}$	0. 00. 29
12 $\frac{1}{2}$	0. 01. 23 $\frac{1}{3}$	0. 00. 27 $\frac{1}{4}$
15	0. 01. 46 $\frac{1}{4}$	0. 00. 25 $\frac{1}{2}$
17 $\frac{1}{2}$	0. 02. 28 $\frac{2}{3}$	0. 00. 24
20	0. 04. 09 $\frac{1}{2}$	0. 00. 22 $\frac{1}{3}$
21	0. 05. 44 $\frac{1}{4}$	0. 00. 21 $\frac{3}{4}$
22	0. 09. 16	0. 00. 21 $\frac{1}{4}$
23	0. 21. 57 $\frac{2}{3}$	0. 00. 20 $\frac{3}{4}$
23 $\frac{1}{2}$	0. 41. 17	0. 00. 20 $\frac{1}{2}$
24	0. 20. 33 $\frac{1}{2}$	0. 00. 20 $\frac{1}{3}$
25	0. 08. 46 $\frac{1}{2}$	0. 00. 20
30	0. 02. 03 $\frac{1}{2}$	0. 00. 17 $\frac{1}{3}$
35	0. 01. 06	0. 00. 16
40	0. 00. 43 $\frac{1}{2}$	0. 00. 14
45	0. 00. 31	0. 00. 12 $\frac{1}{2}$
48 $\frac{5}{6}$	0. 00. 24 $\frac{2}{3}$	0. 00. 11 $\frac{1}{2}$
50	0. 00. 24	0. 00. 11 $\frac{1}{3}$
55	0. 00. 19 $\frac{1}{3}$	0. 00. 09 $\frac{1}{2}$
60	0. 00. 13 $\frac{1}{3}$	0. 00. 08
65	0. 00. 10	0. 00. 07
70	0. 00. 07 $\frac{1}{2}$	Sous l'horizon, cette 2.e Table étant pour la fin de l'automne.
75	0. 00. 05	
80	0. 09. 03 $\frac{1}{4}$	
90	0. 00. 00	

Cette

Cette Table fait voir que sous l'un ou l'autre tropique, l'erreur de 3 minutes de temps, avant ou après midi, entraîneroit dans la hauteur méridienne 41′ 17″ d'erreur; lorsque le Soleil parvient au zénit, au lieu de 45 minutes qu'on trouve, *page précédente*, sous l'Équateur, aux jours des équinoxes.

Diverses Tables dans l'étendue des Tropiques; & lorsqu'aux zones tempérées le Soleil parvient à sa plus grande hauteur méridienne.

Abaissemens pour 3 minutes avant ou après midi.

LAT.	ABAISS.	DÉCLIN.	LAT.	ABAISS.	DÉCLIN.	LAT.	ABAISS.	DÉCLIN.
D.	M. S.	D.	D.	M. S.	D.	D.	M. S.	D.
00	0.48	— 20	00	1. 06½	— 15	00	01.40	— 10
10	0. 50	— 10	10	1. 07	— 05	05	01.41	— 05
20	0. 48½	00	15	1. 06	00	10	01. 39	00
23½	0. 46	03½	20	1. 03½	05	20	01. 34	10
43½	0. 34	23½	23½	1. 01	08½	23½	01. 30½	13½
Cette dernière pour 70 degrés de hauteur du Soleil à midi.			38½	0. 49½	23½	33½	01. 17	23½
			Celle-ci 75 degrés à midi.			Celle-ci 80 degrés à midi.		

Suite des Tables d'Abaissemens, &c.

LAT.	ABAISS.	DÉC.	LAT.	ABAISS.	DÉC.	LAT.	ABAISS.	DÉC.
D.	*M. S.*	*D.*	*D.*	*M. S.*	*D.*	*D.*	*M. S.*	*D.*
00	3.21	5	00	04. 11	04	00	05.32½	03
05	3.21	00	05	04. 10½	01	05	05.30	02
10	3.18	05	10	04. 06	06	10	05.25½	07
20	3.05	15	20	03. 46½	16	20	04.59	17
23½	2.56	18½	23½	03. 38	19½	23½	04.45½	20½
28½	2.42	23½	27½	03. 23½	23½	26½	04.34½	23½
Celle-ci 85^d à midi.			Celle-ci 86^d à midi.			Celle-ci 87^d à midi.		

Suite des Tables d'Abaissemens, &c.

LAT.	ABAISS.	DÉC.	LAT.	ABAISS.	DÉC.	LAT.	ABAISS.	DÉC.
D.	*M. S.*	*D.*	*D.*	*M. S.*	*D.*	*D.*	*M. S.*	*D.*
00	08.10	02	00	15.00	01	00	45.00	00
05	08.05	03	05	14.53	04	05	44.50	05
10	07.53½	08	10	14.42	09	10	44.19	10
20	07.18	18	20	13.15	19	15	43.28	15
23½	07.01	21½	23½	12.57½	21½	20	42.17½	20
25½	06.47½	23½	24½	12.47½	23½	23½	41.17	23½
Celle-ci 88^d à midi.			Celle-ci 89^d à midi.			Le Soleil au zénit.		

En 1767, le 18 Août, j'ai lû un Écrit à l'Assemblée de l'Académie, qui a donné lieu à d'autres recherches, publiées depuis sur la question suivante. Trois hauteurs du Soleil, ou d'un astre quelconque, étant données aux environs de son passage au méridien, avec le temps écoulé, trouver la plus grande hauteur méridienne & la latitude du lieu de l'obſervation. D'abord il fut rappelé que dans le Traité de Navigation, publié par M. Bouguer en 1754, l'Auteur s'élevoit contre ces méthodes indirectes; mais y ayant plus réfléchi, on voit bientôt qu'elles n'étoient praticables tout au plus que dans la zone glaciale. J'ai pris pour exemple le jour de l'équinoxe, en ſuppoſant qu'à 11^h, à 11$^h \frac{1}{4}$ & à 11$^h \frac{1}{2}$, on y avoit obſervé la hauteur du Soleil ſur l'horizon; que le ciel s'étant couvert à midi, il falloit de ces trois hauteurs, avec le temps écoulé, qu'on ſuppoſe égal dans les deux cas, en conclure quelle auroit dû être la hauteur méridienne. Or, en adoptant la règle indiquée dans un abrégé de ce Traité de Navigation, publié à la hâte après la mort de l'Auteur, en 1760; l'on courroit déjà riſque ſous le tropique, de commettre une erreur de 25 $\frac{1}{2}$ minutes dans la latitude requiſe. Cet examen donna donc lieu à la conſtruction des Tables précédentes, à l'aide deſquelles, par des opérations plus ſimples, il ſera facile d'en conclure très-exactement la hauteur méridienne, toutes les fois qu'il aura été poſſible d'apercevoir un aſtre proche le premier vertical à l'orient, & aux environs du plan du méridien, le Soleil n'ayant pas été vu à midi.

Une de ces Tables parut imprimée l'année ſuivante, au Louvre, dans un appendix à la ſeconde édition du Mémoire de M. d'Après, ſur la navigation aux Indes orientales; on commençoit d'ailleurs à connoître, pour meſurer les temps écoulés, l'excellence des Montres marines, qui ne peuvent errer ſenſiblement en 4 à 5 heures.

Cette digreſſion ſur la recherche de la latitude en mer, méritoit aſſurément d'avoir place ici, quoiqu'on eût déjà averti dans les additions au Traité du Pilotage de *Coubard*, publié en 1766, que le problème le moins uſité juſqu'ici dans la Navigation, celui des ſix règles du pilotage, qui donne la latitude lorſqu'on connoît la différence en longitude parcourue, avec le ſillage ou le rhumb de vent, ſembloit mériter aujourd'hui une attention singulière ; sur-tout aux attérages, lorsqu'il n'est pas possible quelquefois de voir le Soleil à midi, ni aux environs du plan du méridien.

Considérations sur le Calcul de l'Angle Parallactique.

Pour abréger désormais les longs calculs de l'angle parallactique, & de la hauteur du nonagésime, il y a long-temps qu'on a averti que les Tables générales en avoient été publiées. Nous en avons quelqu'obligation à l'Astrologie judiciaire, qui comptoit pour la dixième maison céleste le point où l'écliptique coupe le méridien, ce qui d'abord en indique l'usage à ceux qui se sont procuré une copie de ces Tables, telles qu'on les trouve, par exemple, dans Regiomontanus, commenté par Henrion, ou plutôt dans l'*Uranoscopia*, publié à Londres en 1735.

Ces Tables générales s'étendent de 4 en 4 degrés, &c. & par toutes les latitudes, depuis l'Équateur jusqu'au Cercle polaire. A la vérité, celles qu'on trouve dans le dernier ouvrage dont on vient de parler, font calculées pour l'obliquité de l'écliptique, 23ᵈ 29'. Nous la supposons aujourd'hui 0' $\frac{2}{3}$ plus petite, avec une variation périodique de 9", alternative en excès comme en défaut, laquelle se rétablit tous les 18 ans, selon que le nœud ascendant de la Lune se trouve parvenu en ♈ ou en ♎.

En 1672 & 1673, Richer mesura en l'île Caïenne, avec un grand secteur, le double de l'intervalle de l'obliquité de l'écliptique, dont la moitié étoit 23ᵈ 28' 48": le nœud de la Lune étoit pour lors en ♈, & l'obliquité trop grande de 9".

Semblablement au Pérou, en 1736 & 1737, avec un secteur encore plus grand, la distance des tropiques fut déterminée, dont la moitié étoit 23ᵈ 28' 30", ce qui donne 23ᵈ 28' 39", si l'on y ajoute les 9" de nutation, le nœud de la Lune étant pour lors en ♎; de manière que l'erreur des observations, quoique partagée par moitié, auroit conspiré pendant les deux tiers d'un siècle, à donner l'obliquité moyenne de l'écliptique constante; savoir, de 23^d 28', 39". M.^{rs} les Officiers Espagnols ont déjà publié une Table pour 23^d 28' 00".

Ce n'est pas ici le lieu de discuter amplement cette matière, mais nous trouvons assurément l'obliquité moyenne de l'écliptique tant soit peu plus petite aujourd'hui; la réfraction, il est vrai, étant en hiver variable en Europe, en sorte que nous ne voyons que trop la nécessité d'avoir des Tables du nonagésime plus exactes en certains cas, qu'en admettant 23^d 29' pour la distance des pôles: on les a construites d'ailleurs sous une forme plus commode; l'ascension droite du milieu du Ciel étant uniquement donnée par l'heure observée à la mer. Il faut donc qu'aujourd'hui l'on puisse savoir à chaque instant la hauteur sur l'horizon, & la distance du nonagésime degré à l'égard du méridien, par toutes les latitudes, depuis l'Équateur, jusqu'à des latitudes au moins aussi grandes que celles de Paris & de Londres. Dans le Système complet d'Astronomie, & dans l'*Uranoscopia*, on trouve déjà le détail des

Tables du nonagésime, qui convient à la latitude de Londres, mais avec une distance des pôles plus petite; on trouve, dans la Connoissance des Temps de 1768, celles que M. Hombrom a calculées pour Paris. En voici d'autres pour l'Équateur & les tropiques, & l'on s'en est tenu à une obliquité de l'écliptique, un peu plus petite, selon les suppositions admises par les Officiers Espagnols, qui ont acompagné au Pérou, les Académiciens envoyés par le Roi en 1735. Une preuve qu'ils ne l'admettoient pas encore pour les années suivantes de 23^d $28'$, c'est que dans leur Table de déclinaison, ils donnent l'équation pour une obliquité de l'écliptique ou distance des pôles plus grande. Les Tables construites pour la latitude de Paris, & qui admettent la distance des pôles $23^d\ 28'\ \frac{1}{4}$, auroient besoin d'une pareille équation; à moins qu'on ne les compare, en interpolant avec les anciennes, construites pour $23^d\ 29'\ 00''$.

Dans le dessein formé il y a quelques années, d'achever les Tables du nonagésime, dans toute l'étendue des zones torrides & tempérées, on avoit déjà conſtruit la Table ſuivante, qui eſt deſtinée à d'autres uſages que celles des Auteurs Eſpagnols. Cette Table & les deux qui l'accompagnent ſeront utiles pour toutes les latitudes; car avant que de calculer la diſtance au zénit du nonagéſime, & ſa diſtance au méridien pour une hauteur du pôle quelconque, il faut connoître d'abord tout ce qui concerne les points de l'écliptique qui correſpondent à l'aſcenſion droite du milieu du Ciel. Or les élémens de la ſphère nous indiquent trois quantités à réſoudre relativement aux points de l'écliptique, qui ſe trouvent dans le méridien; ſavoir, la *déclinaiſon* boréale ou auſtrale, la *longitude* & l'*angle* que forme ce grand cercle avec le méridien : cela eſt commun, comme on vient de le dire, à toutes les latitudes géographiques. On pourra donc s'en aider, ſi l'on veut chercher, indépendamment des autres Tables du nonagéſime, les diſtances, ſoit à l'égard du zénit, ſoit à l'égard du méridien; car il ſuffiroit de résoudre uniquement un triangle rectangle sphérique dont il s'agit de découvrir l'hypothénuse & un côté, en y employant ce qui est donné par les trois Tables générales, dont il a fallu d'abord déduire la distance méridienne de l'écliptique au zénit du lieu, & celle de ce même point de l'écliptique à un autre qui correspond à la Lune dont on connoît la longitude vraie par supposition. On insiste ici déjà sur cette supposition forcée, parce que la méthode des fausses positions, quoiqu'indirecte, n'en est pas moins exacte en Arithmétique : il faut bien que le Navigateur qui cherche la longitude orientale ou occidentale de son Vaisseau, sache déjà, à quelques degrés près, le lieu qu'il occupe sur l'océan ; afin que par l'observation du lieu de la Lune, il parvienne à le connoître avec exactitude.

TABLE *générale de la déclinaiſon des Points de l'Écliptique qui répondent à l'Aſcenſion droite du milieu du Ciel.*

ASC. droite.	O. SIGNES. VI.	I. SIGNES. VII.	II. SIGNES. VIII.	ASC. droite.
Deg.	D. M. S.	D. M. S.	D. M. S.	Deg.
0	0. 00. 00	12. 14. 48	20. 36. 15½	30
1	0. 26. 02½	12. 36. 12+	20. 47. 28½	29
2	0. 52. 05	12. 57. 19½	20. 58. 19½	28
3	1. 18. 06	13. 18. 10	21. 08. 48½	27
4	1. 44. 04½	13. 38. 43	21. 18. 54	26
5	2. 10. 00½	13. 58. 57½	21. 28. 37	25
6	2. 35. 53½	14. 18. 53	21. 37. 58	24
7	3. 01. 42½	14. 38. 30	21. 46. 56	23
8	3. 27. 26½	14. 57. 49+	21. 55. 31	22
9	3. 53. 06	15. 16. 49½	22. 03. 43⅓	21
10	4. 18. 40	15. 35. 30—	22. 11. 33	20
11	4. 44. 07	15. 53. 51	22. 18. 00	19
12	5. 09. 26½	15. 11. 52	22. 26. 04	18
13	5. 34. 38½	16. 29. 32	22. 32. 45	17
14	5. 59. 42½	16. 46. 53¼	22. 39. 03½	16
15	6. 24. 38½	16. 03. 53½	22. 44. 59	15
16	6. 49. 25½	17. 20. 33	22. 50. 31½	14
17	7. 14. 01½	17. 36. 52	22. 55. 41½	13
18	7. 38. 26+	17. 52. 49⅔	23. 00. 28—	12
19	8. 02. 40	18. 08. 26	23. 04. 51½	11
20	8. 26. 43½	18. 23. 41½	23. 08. 52+	10
21	8. 50. 35	18. 38. 35½	23. 12. 30	9
22	9. 14. 13	18. 53. 07½	23. 15. 45	8
23	9. 37. 38	19. 07. 18	23. 18. 37½	7
24	10. 00. 49	19. 21. 07	23. 21. 07—	6
25	10. 23. 46½	19. 34. 33½	23. 23. 13½	5
26	10. 46. 29½	19. 47. 38	23. 24. 57	4
27	11. 08. 57½	20. 00. 20½	23. 26. 17½	3
28	11. 31. 10+	20. 12. 41	23. 27. 14+	2
29	11. 53. 07	20. 24. 39½	23. 27 48½	1
30	12. 14. 48	20. 36. 15½	23. 28. 00	0
Deg.	XI. SIGNES. V.	X. SIGNES. IV.	IX. SIGNES III.	Deg.

TABLE générale de la Longitude sur l'Écliptique qui répond à l'Ascension droite du milieu du Ciel.

ASCENS. droite.	LONGITUDE.	DIFFÉRENCES premières.	DIFFÉR. secondes.	LONGITUDE.	ASCENS. droite.
D.	D. M. S.	D. M. S.	M. S.	D. M. S.	D.
00	0. 00. 00	4. 21. 33⅔		360. 00. 00	360
04	4. 21. 33⅔	4. 21. 05	0. 28⅔	355. 38. 26⅓	356
08	8. 42. 38⅔	4. 20. 09	0. 55½	351. 17. 21⅓	352
12	13. 02. 48	4. 18. 45⅓	1. 24	346. 57. 12	348
16	17. 21. 33⅓	4. 17. 00	1. 45½	352. 38. 26⅔	344
20	21. 38. 33⅓	4. 14. 52½	2. 07½	338. 21. 26⅓	340
24	25. 53. 26—	4. 12. 29½	2. 23	334. 06. 34	336
28	30. 05. 55½	4. 09. 51½	2. 38	329. 54. 04½	332
32	34. 15. 47	4. 07. 05—	2. 47	325. 44. 13	328
36	38. 22. 51⅓	4. 04. 12—	2. 53	321. 37. 08	324
40	42. 27. 03⅓	4. 01. 17	2. 55½	317. 32. 56½	320
44	46. 28. 20½	3. 58. 23⅔	2. 53⅓	313. 31. 39⅔	316
48	50. 26. 44	3. 55. 35½	2. 48	309. 33. 16	312
52	54. 22. 19½	3. 52. 55	2. 40½	305. 37. 40½	308
56	58. 15. 14½	3. 50. 25+	2. 30	301. 44. 45½	304
60	62. 05. 39⅔	3. 48. 08—	2. 17	297. 54. 20⅓	300
64	65. 53. 47½	3. 46. 06	2. 02	294. 06. 12½	296
68	69. 39. 53½	3. 44. 19	1. 47	290. 20. 06½	292
72	73. 24. 12½	3. 42. 51	1. 28	286. 35. 47½	288
76	77. 07. 03⅓	3. 41. 41	1. 10	282. 52. 56⅔	284
80	80. 48. 44½	3. 40. 51—	0. 50	279. 11. 15½	280
84	84. 29. 35	3. 40. 20	0. 31	275. 30. 25	276
88	88. 09. 55	3. 40. 10	0. 10	271. 50. 05	272

Suite de la Table générale de la Longitude sur l'Écliptique, &c.

ASCENS. droite.	LONGITUDE.	DIFFÉRENCES premières.	DIFFÉR. secondes.	LONGITUDE.	ASCENS. droite.
D.	D. M. S.	D. M. S.	M. S.	D. M. S.	D.
90	90. 00. 00			270. 00. 00	270
92	91. 50. 05	3. 40. 10	0. 10	268. 09. 55	268
96	95. 30. 25	3. 40. 20	0. 30½	264. 29. 35	264
100	99. 11. 15½	3. 40. 50½	0. 50½	260. 48. 44½	260
104	102. 52. 56⅔	3. 41. 41	1. 10	257. 07. 03⅓	256
108	106. 35. 47⅓	3. 42. 51	1. 28	253. 24. 12½	252
112	110. 20. 06½	3. 44. 19	1. 47	249. 39. 53½	248
116	114. 06. 12½	3. 46. 06	2. 02	245. 53. 47½	244
120	117. 54. 20⅓	3. 48. 08	2. 17	242. 05. 39⅓	240
124	121. 44. 45½	3. 50. 25+	2. 30	238. 15. 14½	236
128	125. 37. 40½	3. 52. 55	2. 40½	234. 22. 19½	232
132	129. 33. 16	3. 55. 35½	2. 48+	230. 26. 44	228
136	133. 31. 39⅔	3. 58. 23⅔	2. 53⅓	226. 28. 20½	224
140	137. 32. 56½	4. 01. 17—	2. 54½	222. 27. 03½	220
144	141. 37. 08+	4. 04. 11½	2. 53⅓	218. 22. 51¾	216
148	145. 44. 13	4. 07. 05—	2. 46½	214. 15. 47	212
152	149. 54. 04½	4. 09. 51½	2. 38	210. 05. 55½	208
156	154. 06. 34+	4. 12. 29½	2. 23	205. 53. 26	204
160	158. 21. 26⅓	4. 14. 52½	2. 07½	201. 38. 33⅔	200
164	162. 38. 26½	4. 17. 00	1. 45½	197. 21. 33½	196
168	166. 57. 12	4. 18. 45⅓	1. 24	193. 02. 48	192
172	171. 27. 21⅓	4. 20. 09⅓	0. 55½	188. 42. 38⅔	188
176	175. 38. 26⅓	4. 21. 05	0. 28⅔	184. 21. 33⅔	184
180	180. 00. 00	4. 21. 33⅔		180. 00. 00	180

TABLE générale de l'Angle de l'Écliptique avec le Méridien, pour $23^{d}\ 28'\ 00''$ de distance des Pôles.

ASCENS. droite du milieu du Ciel.	ANGLE de L'ÉCLIPTIQUE.	DIFFÉRENCES communes.	Seconde DIFFÉR.	ASCENS. droite du milieu du Ciel.
Équateur.	D. M. S.	D. M. S.	M. S.	Équateur.
0d	66. 32. 00	0. 03. 38	7. 14	360d
4	66. 35. 38	0. 10. 52 +	7. 11	356
8	66. 46. 30½	0. 18. 03	7. 00	352
12	67. 04. 33½	0. 25. 03	6. 51	348
16	67. 29. 36½	0. 31. 54	6. 36½	344
20	68. 01. 30½	0. 38. 30½	6. 21	340
24	68. 40. 01	0. 44. 51½	6. 02½	336
28	69. 24. 52½	0. 50. 54	5. 42	332
32	70. 15. 46½	0. 56. 36	5. 21	328
36	71. 12. 22½	1. 01. 57	4. 59 —	324
40	72. 14. 19½	1. 06. 56 —	4. 34½	320
44	73. 21. 15½	1. 11. 31 +	4. 13 —	316
48	74. 32. 46 +	1. 15. 44	3. 47	312
52	75. 48. 30	1. 19. 31	3. 22½	308
56	77. 08. 01 —	1. 22. 53½	2. 59½	304
60	78. 30. 54½	1. 25. 53	2. 35	300
64	79. 56. 47½	1. 28. 28	2. 10	296
68	81. 25. 15½	1. 30. 38	1. 46½	292
72	82. 55. 53½	1. 32. 24½	1. 23	288
76	84. 28. 18 +	1. 33. 47½	0. 59	284
80	86. 02. 05½	1. 34. 46½	0. 35	280
84	87. 36. 52 —	1. 35. 21½	0. 11½	276
88	89. 12. 13½	1. 35. 33		272

Suite de la Table de l'angle de l'Écliptique avec le Méridien.

ASCENS. droite du milieu du Ciel.	ANGLE de L'ÉCLIPTIQUE.	DIFFÉRENCES communes.	Seconde DIFFÉR.	ASCENS. droite du milieu du Ciel.
Équateur.	D. M. S.	D. M. S.	M. S.	Équateur.
92d	90. 47. 46 ½	1. 35. 21 ½	0. 11 ½	268d
96	92. 23. 08 +	1. 34. 46 ½	0. 35	264
100	93. 57. 54 ½	1. 33. 47 ½	0. 59	260
104	95. 31. 42 ½	1. 32. 24 ½	1. 23	254
108	97. 04. 06 ½	1. 30. 38	1. 46 ½	250
112	98. 34. 44 ½	1. 28. 28	2. 10	246
116	100. 03. 12 ½	1. 25. 53	2. 35	242
120	101. 29. 05 ½	1. 22. 54 —	2. 59 —	238
124	102. 51. 59 +	1. 19. 31	3. 23 —	234
128	104. 11. 30	1. 15. 44	3. 47	230
132	105. 27. 14 —	1. 11. 30 ½	4. 13 ½	226
136	106. 38. 44 ½	1. 06. 56 ½	4. 34	222
140	107. 45. 40 ½	1. 01. 57	4. 59 ½	218
144	108. 47. 37 ½	0. 56. 36	5. 21	214
148	109. 44. 13 ½	0. 50. 54	5. 42	210
152	110. 35. 07 ½	0. 44. 51 ½	6. 02 ½	206
156	111. 19. 59	0. 38. 30 ½	6. 21	204
160	111. 58. 29 ½	0. 31. 54	6. 36 ½	200
164	112. 30. 23 ½	0. 25. 03	6. 51	196
168	112. 55. 26 ½	0. 18. 03	7. 00	192
172	113. 13. 29 ⅔	0. 10. 52 +	7. 11	188
176	113. 24. 22 ⅔	0. 03. 38	7. 14	184
180	113. 28. 00			180

TABLE de la Longitude du Nonagésime sous l'Équateur ou 0d de Latitude, pour 23d 28' 00" de distance des Pôles.

MILIEU du CIEL.		LONGITUDE du NONAGÉSIME.	DIFFÉRENCES communes.	LONGITUDE du NONAGESIME.	MILIEU du CIEL.
H.	M.	D. M. S.	D. M. S.	D. M. S.	H. M.
O.	00	0. 00. 00		360. 00. 00	XXIV.00
	16	3. 40. 13½	3. 40. 13½	356. 19. 46½	44
	32	7. 20. 46—	3. 40. 32—	352. 39. 14	XXIII.28
	48	11. 01. 59+	3. 41. 13½	348. 58. 01	12
I.	04	14. 44. 13	3. 42. 14	345. 15. 47	56
	20	18. 27. 45—	3. 43. 32	341. 32. 15+	40
	36	22. 12. 55	3. 45. 10	337. 47. 05	24
	52	26. 00. 00	3. 47. 05	334. 00. 00	XXII. 08
II.	08	29. 49. 15	3. 49. 15	330. 10. 45	52
	24	33. 40. 53½	3. 51. 38½	326. 19. 06½	36
	40	37. 35. 07½	3. 54. 14	322. 24. 52½	20
	56	41. 32. 06½	3. 56. 59	318. 27. 53½	XXI. 14
III.	12	45. 31. 56+	3. 59. 50—	314. 28. 04	48
	28	49. 34. 41—	4. 02. 44½	310. 25. 19+	32
	44	53. 40. 19	4. 05. 38	306. 19. 41	16
	00	57. 48. 48	4. 08. 29	302. 11. 12	XX. 00
IV.	16	61. 59. 59+	4. 11. 11	298. 00. 01—	44
	32	66. 13. 43	4. 13. 44	293. 46. 17	28
	48	70. 29. 42	4. 15. 59	289. 30. 18	XIX. 12
V.	04	74. 47. 38—	4. 17. 56	285. 12. 22	56
	20	79. 07. 08½	4. 19. 30½	280. 52. 51½	40
	36	83. 27. 48½	4. 20. 40	276. 32. 11½	24
	52	87. 49. 11½	4. 21. 23	272. 10. 48½	XVIII.08

Suite

Suite de la Table de Longitude du Nonagésime sous l'Équateur.

MILIEU du CIEL.		LONGITUDE du NONAGÉSIME.	DIFFÉRENCES communes.	LONGITUDE du NONAGÉSIME.	MILIEU du CIEL.	
H.	M.	D. M. S.	D. M. S.	D. M. S.	H.	M.
VI.	00	90. 00. 00		270. 00. 00		00
	08	92. 10. 48½	4. 21. 37	267. 49. 11½	XVIII.	52
	24	96. 32. 11½	4. 21. 23	263. 27. 48½		36
	40	100. 52. 51½	4. 20. 40	259. 07. 08½		20
	56	105. 12. 22+	4. 19. 30½	254. 47. 38—	XVII.	04
VII.	12	109. 30. 18	4. 17. 56	250. 29. 42		48
	28	113. 46. 17	4. 15. 59	246. 13. 43		32
	44	118. 00. 01—	4. 13. 44	241. 59. 59+		16
VIII.	00	122. 11. 12	4. 11. 11	237. 48. 48	XVI.	00
	16	126. 19. 41	4. 08. 29	233. 40. 19		44
	32	130. 25. 19+	4. 05. 38	229. 34. 41—		28
	48	134. 28. 04	4. 02. 45	225. 31. 56+	XV.	12
IX.	04	138. 27. 53½	3. 59. 49½	221. 32. 06½		56
	20	142. 24. 52½	3. 56. 59	217. 35. 07		40
	36	146. 19. 06½	3. 54. 14	213. 40. 53½		24
	52	150. 10. 45	3. 51. 38½	209. 49. 15	XIV.	08
X.	08	154. 00. 00	3. 49. 15	206. 00. 00		52
	24	157. 47. 05	3. 47. 05	202. 12. 55		36
	40	161. 32. 15+	3. 45. 10	198. 27. 45—		20
	56	165. 15. 47	3. 43. 32	194. 44. 13	XIII.	04
XI.	12	168. 58. 01—	3. 42. 14—	191. 01. 59+		48
	28	172. 39. 14+	3. 41. 13½	187. 20. 46—		32
	44	176. 19. 46½	3. 40. 32	183. 40. 13½		16
XII.	00	180. 00. 00	3. 40. 13½	180. 00. 00	XII.	00

TABLE de la distance au Zénit du Nonagésime pour 0^{d} *de Latitude &* 23^{d} 28' 00". *de distance des Pôles.*

MILIEU du CIEL.		DISTANCE au ZÉNIT.	DIFFÉRENCES premières.	DIFFÉR. secondes.	MILIEU du CIEL.	
H.	*M.*	*D. M. S.*	*D. M. S.*	*M. S.*	*H.*	*M.*
O.	00	0. 00. 00			XXIV.	00
	16	1. 35. 30½	1. 35. 30½	0. 24½		44
	32	3. 10. 36½	1. 35. 06—	0. 45½		28
	48	4. 44. 56½	1. 34. 20+	1. 09½	XXIII.	12
I.	04	6. 18. 07	1. 33. 10½	1. 37½		56
	20	7. 49. 40	1. 31. 33	1. 57		40
	36	9. 19. 16	1. 29. 36	2. 26		24
	52	10. 46. 26	1. 27. 10	2. 44	XXII.	08
II.	08	12. 10. 52	1. 24. 26	3. 06		52
	24	13. 32. 12—	1. 21. 20	3. 40½		36
	40	14. 49. 51+	1. 17. 39½	3. 59		20
	56	16. 03. 31½	1. 13. 40½	4. 24+	XXI.	04
III.	12	17. 12. 48	1. 09. 16+	4. 46+		48
	28	18. 17. 18	1. 04. 30	5. 10½		32
	44	19. 16. 37½	0. 59. 19½	5. 32½		16
IV.	00	20. 10. 24½	0. 53. 47	5. 52½	XX.	00
	16	20. 58. 19	0. 47. 54½	6. 11½		44
	32	21. 40. 02½	0. 41. 43½	6. 29		28
	48	22. 15. 17	0. 35. 14½	6. 44	XIX.	12
V.	04	22. 43. 47½	0. 28. 30½	6. 57		56
	20	23. 05. 21+	0. 21. 34—	7. 03½		40
	36	23. 19. 52—	0. 14. 30½	7. 16½		24
	52	23. 27. 06	0. 07. 14		XVIII.	08

Suite de la Table de la distance au Zénit du Nonagésime, &c.

MILIEU du CIEL. H. M.	DISTANCE au ZÉNIT. D. M. S.	DIFFÉRENCES premières. D. M. S.	DIFFÉR. secondes. M. S.	MILIEU du CIEL. H. M.
VI. 08	23. 27. 06			XVIII. 52
24	23. 19. 52—	0. 07. 14	7. 16½	36
40	23. 05. 21+	0. 14. 30½	7. 03½	20
56	22. 43. 47½	0. 21. 34—	6. 57	XVII. 04
VII. 12	22. 15. 17	0. 28. 30½	6. 44	48
28	21. 40. 22½	0. 35. 14½	6. 29	32
44	20. 58. 19	0. 41. 43½	6. 11	16
VIII. 00	20. 10. 24½	0. 47. 54½	5. 52½	XVI. 00
16	19. 16. 37½	0. 53. 47	5. 32½	44
32	19. 17. 18	0. 59. 19½	5. 10½	28
48	17. 12. 48	1. 04. 30	4. 46	XV. 12
IX. 04	16. 03. 31½	1. 09. 16+	4. 24	56
20	14. 49. 51+	1. 13. 40½	3. 59	40
36	13. 32. 12—	1. 17. 39½	3. 40½	24
52	12. 19. 52	1. 21. 20	3. 06	XIV. 08
X. 08	10. 46. 26	1. 24. 26	2. 44	52
24	9. 19. 16	1. 27. 10	2. 26	36
40	7. 49. 40	1. 29. 36	1. 57	20
56	6. 18. 07	1. 31. 33	1. 37½	XIII. 04
XI. 12	4. 44. 56½	1. 33. 10½	1. 09½	48
28	3. 10. 36⅔	1. 34. 20+	0. 45½	32
44	1. 35. 28	1. 35. 06—	0. 24½	16
XII. 00	0. 00. 00	1. 35. 30½		XII. 00

TABLE de la Longitude du Nonagésime sous les Tropiques, par 23ᵈ 28' 00" de hauteur du Pôle.

Milieu du Ciel.	LONGITUDE du NONAGÉSIME.	DIFFÉRENCES.	LONGITUDE du NONAGÉSIME.	DIFFÉRENCES.	Milieu du Ciel.
Dég.	D. M. S.	D. M. S.	D. M. S.	D. M. S.	Dég.
00	9. 48. 29—		369. 48. 29		360
04	13. 21. 25	3. 32. 56	366. 13. 45½	3. 34. 43½	356
08	16. 52. 57½	3. 31. 32½	362. 36. 50	3. 36. 55½	352
12	20. 23. 27½	3. 30. 30	358. 57. 17	3. 39. 33	348
16	23. 53. 13½	3. 29. 46	355. 14. 40½	3. 42. 36½	344
20	27. 22. 36½	3. 29. 23	351. 28. 29½	3. 46. 11	340
24	30. 51. 50½	3. 29. 14	347. 38. 16½	3. 50. 13	336
28	34. 21. 12½	3. 29. 22	343. 43. 31+	3. 54. 45½	332
32	37. 50. 44	3. 29. 31½	339. 43. 44	3. 59. 47	328
36	41. 21. 07¾	3. 30. 24—	335. 38. 26—	4. 05. 18	324
40	44. 52. 01+	3. 30. 53½	331. 27. 09+	4. 11. 17	320
44	48. 23. 43+	3. 31. 42	327. 09. 28½	4. 17. 41	316
48	51. 56. 18½	3. 32. 35½	322. 45. 02+	4. 24. 26	312
52	55. 29. 51	3. 33. 32½	318. 13. 34—	4. 31. 28½	308
56	59. 04. 22½	3. 34. 31½	313. 34. 52	4. 38. 42—	304
60	62. 39. 53	3. 35. 30½	308. 48. 57	4. 45. 55	300
64	66. 16. 20½	3. 36. 27½	303. 55. 54½	4. 53. 02½	296
68	69. 53. 41½	3. 37. 21	298. 56. 06	4. 59. 48½	292
72	73. 31. 50	3. 38. 08½	293. 50. 01½	5. 06. 04½	288
76	77. 10. 40	3. 38. 50	288. 38. 26½	5. 11. 35	284
80	80. 50. 04	3. 39. 24	283. 22. 19	5. 16. 07½	280
84	84. 29. 50⅓	3. 39. 48½	278. 02. 37	5. 19. 42	276
88	88. 09. 56	3. 40. 03½	272. 41. 10½	5. 21. 27—	272
90	90. 00. 00	3. 40. 08	270. 00. 00	5. 22. 21	270

Suite de la Table de la Longitude du Nonagésime sous les Tropiques, &c.

Milieu du Ciel.	LONGITUDE du NONAGÉSIME.	DIFFÉRENCES.	LONGITUDE du NONAGÉSIME.	DIFFÉRENCES.	Milieu du Ciel.
Dég.	D. M. S.	D. M. S.	D. M. S.	D. M. S.	Deg.
90	90. 00. 00		270. 00. 00		270
92	91. 50. 04	3. 40. 08	267. 18. 49½	5. 22. 21	268
96	95. 30. 07½	3. 40. 03½	261. 57. 23—	5. 21. 27+	264
100	99. 09. 56	3. 39. 48½	256. 37. 41	5. 19. 42—	260
104	102. 49. 20	3. 39. 24	251. 21. 33½	5. 16. 07½	256
108	106. 28. 10	3. 38. 50	246. 09. 58½	5. 11. 35	252
112	110. 06. 18½	3. 38. 08½	241. 03. 54+	5. 06. 04—	248
116	113. 43. 39½	3. 37. 21	236. 04. 05½	4. 59. 48+	244
120	117. 20. 07	3. 36. 27½	231. 11. 03	4. 53. 02½	240
124	120. 55. 37½	3. 35. 30½	226. 25. 08	4. 45. 55	236
128	124. 30. 09	3. 34. 31½	221. 46. 26+	4. 38. 42—	232
132	128. 03. 41½	3. 33. 32½	217. 14. 58—	4. 31. 29—	228
136	131. 36. 17—	3. 32. 36—	212. 50. 31½	4. 24. 26+	224
140	135. 07. 59—	3. 31. 42	208. 32. 51—	4. 17. 40½	220
144	138. 38. 52+	3. 30. 53½	204. 21. 34+	4. 11. 16½	216
148	142. 09. 16	3. 30. 24	200. 16. 16	4. 05. 18+	212
152	145. 38. 47½	3. 29. 31½	196. 16. 29—	3. 59. 47	208
156	149. 08. 09½	3. 29. 22	192. 21. 43½	3. 54. 45+	204
160	152. 37. 23½	3. 29. 14	188. 31. 30½	3. 50. 13	200
164	156. 06. 46½	3. 29. 23	184. 45. 19½	3. 46. 11	196
168	159. 36. 32½	3. 29. 46	181. 02. 43	3. 42. 36½	192
172	163. 07. 02½	3. 30. 30	177. 23. 10	3. 39. 33	188
176	166. 38. 35	3. 31. 32½	173. 46. 14½	3. 36. 55	184
180	170. 11. 31+	3. 32. 56	170. 11. 31+	3. 34. 43½	180

TABLE de la distance au Zénit du Nonagésime sous les Tropiques, par 23d 28′ 00″, de hauteur du Pôle.

Milieu du Ciel.	DISTANCES au ZÉNIT.	DIFFÉRENCES.	Milieu du Ciel.	DISTANCES au ZÉNIT.	DIFFÉRENCES.
Deg.	D. M. S.	D. M. S.	Deg.	D. M. S.	D. M. S.
0	21. 25. 29½		360	21. 25. 29½	
4	19. 51. 52½	1. 33. 37	356	23. 00. 06½	1. 34. 37½
8	18. 19. 38½	1. 32. 14	352	24. 35. 20—	1. 35. 13
12	16. 49. 05+	1. 30. 33+	348	26. 10. 55	1. 35. 35+
16	15. 20. 34	1. 28. 31	344	27. 46. 22+	1. 35. 27
20	13. 54. 25½	1. 26. 08½	340	29. 21. 16½	1. 34. 54
24	12. 30. 57—	1. 23. 29—	336	30. 55. 14½	1. 33. 58
28	11. 10. 26½	1. 20. 30+	332	32. 27. 50	1. 32. 35½
32	9. 53. 14½	1. 17. 12	328	33. 58. 34	1. 30. 44
36	8. 39. 36½	1. 13. 38	324	35. 26. 58½	1. 28. 24½
40	7. 29. 51—	1. 09. 46	320	36. 52. 31½	1. 25. 33
44	6. 24. 14—	1. 05. 37	316	38. 14. 42—	1. 22. 10½
48	5. 23. 01	1. 01. 13	312	39. 32. 41½	1. 18. 00—
52	4. 26. 28	0. 56. 33	308	40. 46. 39+	1. 13. 58—
56	3. 34. 46—	0. 51. 42+	304	41. 55. 18½	1. 08. 39+
50	2. 48. 18+	0. 46. 27½	300	42. 58. 14	1. 02. 55½
64	2. 07. 07	0. 41. 11	296	43. 54. 54	0. 56. 40
68	1. 31. 27	0. 35. 40	292	44. 44. 44½	0. 49. 50½
72	1. 01. 28	0. 29. 59	288	45. 27. 13	0. 42. 28
76	0. 37. 18+	0. 24. 10—	284	46. 01. 49	0. 34. 36
80	0. 19. 05	0. 18. 13+	280	46. 28. 11	0. 26. 22
84	0. 06. 52½	0. 12. 12½	276	46. 43. 56½	0. 15. 45½
88	0. 00. 46	0. 06. 06½	272	46. 54. 52½	0. 10. 56—
90	0. 00. 00		270	46. 56. 00	0. 02. 15—

Suite de la Table de la distance au Zénit du Nonagésime sous les Tropiques, &c.

Milieu du Ciel.	DISTANCES au ZÉNIT.	DIFFÉRENCES.	Milieu du Ciel.	DISTANCES au ZÉNIT.	DIFFÉRENCES.
Deg.	D. M. S.	D. M. S.	Deg.	D. M. S.	D. M. S.
90	0. 00. 00		270	46. 56. 00	0. 02. 15—
92	0. 00. 46	0. 06, 06½	268	46. 54. 52⅔	0. 10. 56—
96	0. 06. 52½	0. 12. 12½	264	46. 43. 56½	0. 15. 45½
100	0. 19. 05	0. 18. 13+	260	46. 28. 11—	0. 26. 22
104	0. 37. 18+	0. 24. 10—	256	46. 01. 49—	0. 34. 36
108	1. 01. 28	0. 29. 59	252	45. 27. 13—	0. 42. 28½
112	1. 31. 27	0. 35. 40	248	44. 44. 44½	0. 49. 50
116	2. 07. 07	0. 41. 11	244	43. 54. 54—	0. 56. 40
120	2. 48. 18+	0. 46. 28—	240	42. 58. 14—	1. 02. 55½
124	3. 34. 46	0. 51. 42	236	41. 55. 18½	1. 08. 39+
128	4. 26. 28	0. 56. 33	232	40. 46. 39+	1. 13. 58—
132	5. 23. 01	1. 01. 13	228	39. 32. 41½	1. 18. 00—
136	6. 24. 14—	1. 05. 37	224	38. 14. 42—	1. 22. 10+
140	7. 29. 51—	1. 09. 45½	220	36. 52. 31½	1. 25. 33
144	8. 39. 36½	1. 13. 38	216	35. 26. 58½	1. 28. 24½
148	9. 53. 14	1. 17. 12	212	33. 58. 34	1. 30. 44
152	11. 10. 26½	1. 20. 30½	208	32. 27. 50	1. 32. 35½
156	12. 30. 57	1. 23. 28½	204	30. 55. 14½	1. 33. 58
160	13. 54. 25½	1. 26. 08½	200	29. 21. 16½	1. 34. 54+
164	15. 20. 34	1. 29. 31+	196	27. 46. 22+	1. 35. 27+
168	16. 49. 05+	1. 30. 33½	192	26. 10. 55	1. 35. 35
172	18. 19. 38½	1. 32. 14	188	24. 35. 20—	1. 35. 13
176	19. 51. 52½	1. 33. 37	184	23. 00. 06⅓	1. 34. 37½
180	21. 25. 29⅓		180	21. 25. 29⅓	

La difficulté de faire le calcul ou de mesurer, la nuit à la mer, la hauteur des Étoiles, rend la méthode de leurs distances à la Lune trop pénible avec l'octant, s'il s'agit de grands arcs, & souvent trop incertaine: il n'en est pas de même lorsque l'Étoile est proche de la Lune; car de la hauteur de l'Étoile, que donneroit assez exactement la solution des Problèmes de la Sphère, quand on sait l'heure pour le Méridien où se trouve le Vaisseau, on en concluroit celle de la Lune, dont la latitude boréale ou australe indique la situation sur le Zodiaque ou sur le Planisphère. De là nous voyons la nécessité de recourir aux Tables du Nonagésime, préférablement à toute autre méthode, pour en déduire la longitude apparente de la Lune, tirée des Tables corrigées, & qu'il s'agit de comparer à celle qui aura été observée. Le Navigateur, pour cet effet, emploie deux ou trois fois la règle de fausse position, pour essayer s'il a bien estimé la longitude de son Vaisseau; & lorsque cette conjecture est vraie, alors la longitude apparente obſervée ſe trouve exactement la même que celle qui eſt tirée des Tables corrigées.

Depuis près de trente ans qu'on s'occupe de ces opérations praticables à la mer, on a bien ſongé à ſimplifier les calculs, & à faire évanouir l'embarras des triangles ſphériques que le Navigateur ſeroit obligé, ſans le ſecours des Tables ou des formules, de réſoudre en très-grand nombre. L'analyſe a fourni des équations algébriques, & des moyens beaucoup plus ſimples que ne preſcrivent ceux qui ont écrit ſur la Trigonométrie, comme cela ſe voit dans les volumes de l'Académie de Péterſbourg & de Berlin: dans ceux-ci on trouve, *page 198 de l'année 1749*, la démonſtration de la règle qu'il faut employer ſi fréquemment pour le calcul des parallaxes. On fera d'abord,

Par. hor. x ſin. diſt. au Nonag. x haut. du Nonag.

& l'on aura la parallaxe en longitude, lorſque la latitude de la Lune eſt nulle.

Mais comme il eſt rare que la Lune n'ait pas une latitude auſtrale ou boréale, la règle générale pour trouver le lieu apparent de la Lune, lorſqu'on ſait ſa diſtance au Nonagéſime en longitude, conſiſte à réſoudre un triangle ſphérique, dont on connoît deux côtés, & l'angle compris : celui-ci peut ſe nommer *l'angle à la Lune*, lequel angle ſeroit le vrai angle parallactique, ſi la latitude de la Lune étoit nulle. Cela s'expédie aſſez facilement par l'équation qui preſcrit

$$\frac{\text{parall. hor.} \times \text{ſin. diſt. au Nonag.} \times \text{ſin. haut. du Nonag.}}{\text{coſin. vraie latitude de la Lune.}}$$

= parallaxe en longitude ; & quant à celle de la latitude, on auroit encore

$$\left(\frac{\text{cotang. latit.}}{\text{tang. haut. Nonag.}} - \text{coſin. diſt. au Nonag.}\right)$$
$$(\text{parall. hor.} + \text{ſin. haut. du Nonag.} + \text{ſin. latit. vraie});$$

Comme le quartier de réduction, ou ce qui revient au même, la double règle de Gunter peuvent réſoudre ſans calcul, ni même ſans le ſecours du compas, les triangles rectilignes, il ſeroit aiſé par-là de connoître le triangle parallactique, qui eſt cenſé rectiligne, à cauſe de ſa petiteſſe, ſi l'on ſait une fois quel eſt l'angle parallactique. Mais faut-il renoncer aux formules précédentes, qui dispensent absolument de la connoissance de cet angle que prescrivent les règles générales? Est-ce parce qu'elles paroissent d'abord rendre l'opération plus simple, puisque la simple addition ou soustraction de logarithmes nous fait découvrir d'abord les parallaxes de longitude? Je ne vois ici d'avantage que d'indiquer aux Pilotes les moyens de se passer des Tables des logarithmes, des sinus & tangentes, &c. à quoi le quartier sphérique sembleroit d'abord le plus propre, puisqu'il fourniroit l'instrument le plus expéditif.

La difficulté consiste à savoir quel quartier sphérique il convient d'y employer: nous avons deux sortes de projections usitées, dont le fréquent usage, avant l'invention des logarithmes, étoit connu des Navigateurs & des Hydrographes: il en reste encore des astrolabes assez grands, dont quelques-uns se servent pour trouver l'heure sans calcul ou Tables des sinus, &c. car lorsqu'il s'agit de connoître l'heure du jour par la hauteur du Soleil ou de quelqu'Étoile, il faut résoudre nécessairement un triangle sphérique, dont les trois côtés ſont connus. La projection de Ptolémée nous fournit une méthode ſimple, mais indirecte, ou de fauſſe poſition pour découvrir la diſtance de l'aſtre au Méridien ou l'heure du jour: on y emploie un index mobile, & pour réſoudre le triangle, on y ſuppoſe d'abord que l'heure que l'on cherche eſt connue, recommençant une ou deux fois l'opération, on parvient à corriger parfaitement ſur cette projection l'heure que l'on avoit à peu près eſtimée. Il n'en eſt pas de même de l'autre projection, qui eſt proprement celle du quartier ſphérique: le triangle eſt réſolu plus promptement & d'une manière directe. Les détails qui ſeroient ſuperflus ici, ſe trouvent dans le Livre de feu M. Radouai, Capitaine des Vaiſſeaux du Roi. Dans cette 2.e projection qui eſt celle de Roïas, l'œil eſt ſuppoſé à une diſtance infinie, en ſorte que les parallèles à l'horizon, ou ſi l'on veut les parallèles à l'équateur ſont des lignes droites: ce grand avantage eſt balancé par des courbes ou de vraies ellipſes, toujours difficiles à décrire, & qui ſe confondent trop, en ſe resserrant à mesure qu'on s'éloigne du centre de la projection : elles servent, comme l'on sait, à représenter les verticaux ou azimuts ; ou si l'on veut, les cercles horaires ou méridiens.

Il vaut donc mieux recourir à la projection de Ptolémée, qui n'a pas les mêmes inconvéniens, & qui a de plus le grand avantage de n'employer que des arcs de cercles aisés à décrire, & dont les centres se trouvent par les moyens qu'a indiqués *Stoplerinus*, dans sa *description de l'Astrolabe.* Qu'importe si les règles de fausse position y sont quelquefois employées ? ne sont-elles pas plus sûres, par la nécessité où l'on est de réitérer son opération, & ne mènent-elles pas également au but ?

TABLE de la Longitude du Nonagésime sous la Latitude de 20 degrés, boréale ou australe.

Milieu du Ciel.	LONGITUDE du NONAGÉSIME.	DIFFÉRENCES.	Milieu du Ciel.	LONGITUDE du NONAGÉSIME.	DIFFÉRENCES.
Deg.	D. M. S.	D. M. S.	Deg.	D. M. S.	D. M. S.
0	8. 14. 49	3. 34. 54⅔	360	8. 14. 49	3. 36. 27
4	11. 49. 43⅓	3. 33. 45	356	4. 38. 22	3. 38. 24½
8	15. 23. 28⅔	3. 32. 55½	352	0. 59. 57½	3. 40. 44½
12	18. 56. 24+	3. 32. 24+	348	357. 19. 13	3. 43. 29½
16	22. 28. 48½	3. 32. 14	344	353. 35. 43½	3. 46. 43+
20	26. 01. 02½	3. 32. 19½	340	349. 49. 00+	3. 50. 22½
24	29. 33. 22	3. 32. 40½	336	345. 58. 38—	3. 54. 26⅓
28	33. 06. 02½	3. 33. 07½	332	342. 04. 11½	3. 59. 01+
32	36. 39. 10	3. 33. 55	328	338. 05. 10+	4. 03. 57½
36	40. 13. 05	3. 34. 47	324	334. 01. 13—	4. 09. 19—
40	43. 47. 52	3. 35. 50	320	329. 51. 54	4. 15. 00½
44	47. 23. 42	3. 36. 56	316	325. 36. 53⅓	4. 20. 58½
48	51. 00. 38	3. 38. 05½	312	320. 15. 55—	4. 27. 10½
52	54. 38. 43½	3. 39. 16⅔	308	316. 48. 44+	4. 33. 25+
56	58. 18. 00	3. 40. 26⅔	304	312. 15. 19	4. 39. 49
60	61. 58. 26⅔	3. 41. 34⅓	300	307. 35. 30	4. 45. 53
64	65. 40. 01	3. 42. 38	296	302. 49. 37	4. 51. 41½
68	69. 22. 39	3. 43. 34½	292	297. 57. 55½	4. 57. 00½
72	73. 06. 13½	3. 44. 23½	288	293. 00. 55+	5. 01. 39½
76	76. 50. 37	3. 45. 03	284	287. 59. 15⅔	5. 05. 29⅔
80	80. 35. 40	3. 45. 32½	280	282. 53. 46⅓	5. 08. 20
84	84. 21. 12½	3. 45. 50	276	277. 45. 26⅓	5. 10. 06
88	88. 07. 02	3. 45. 56	272	272. 35. 20½	5. 10. 41
90	90. 00. 00		270	270. 00. 00	

Suite de la Table de la Longitude du Nonagésime, &c.

Pour servir à Saint-Domingue & à l'île de France aux attérages.

Milieu du Ciel.	LONGITUDE du NONAGÉSIME.	DIFFÉRENCES.	Milieu du Ciel.	LONGITUDE du NONAGÉSIME.	DIFFÉRENCES.
Deg.	*D. M. S.*	*D. M. S.*	*Deg.*	*D. M. S.*	*D. M. S.*
90	90. 00. 00		270	270. 00. 00	
92	91. 52. 58	3. 45. 56	268	267. 24. 39½	5. 10. 41
96	95. 38. 47½	3. 45. 49½	264	262. 14. 33½	5. 10. 06
100	99. 24. 20	3. 45. 32½	260	257. 06. 13½	5. 08. 20
104	103. 09. 23	3. 45. 03	256	252. 00. 44½	5. 05. 29½
108	106. 53. 46½	3. 44. 23½	252	246. 59. 05—	5. 01. 39½
112	110. 37. 21	3. 43. 34½	248	242. 02. 04½	4. 57. 00+
116	114. 19. 59	3. 42. 38	244	237. 10. 23	4. 51. 41½
120	118. 01. 33½	3. 41. 34½	240	232. 24. 30	4. 45. 53
124	121. 42. 00	3. 40. 26½	236	227. 44. 41	4. 39. 49
128	125. 21. 16½	3. 39. 16½	232	223. 11. 16—	4. 33. 25+
132	128. 59. 22	3. 38. 05½	228	219. 44. 05+	4. 27. 10½
136	132. 36. 18	3. 36. 56	224	214. 23. 06½	4. 20. 59
140	136. 12. 08	3. 35. 50	220	210. 08. 06	4. 15. 00½
144	139. 46. 55	3. 34. 47	216	205. 58. 47+	4. 09. 18½
148	143. 20. 50	3. 33. 55	212	201. 54. 50—	4. 03. 57½
152	146. 53. 57½	3. 33. 07½	208	197. 55. 48½	3. 59. 01+
156	150. 26. 38	3. 32. 40½	204	194. 01. 22+	3. 54. 26½
160	153. 58. 57½	3. 32. 19½	200	190. 11. 00—	3. 50. 22+
164	157. 31. 11½	3. 32. 14	196	186. 24. 16½	3. 46. 43
168	161. 03. 36—	3. 32. 24½	192	182. 40. 47	3. 43. 29½
172	164. 36. 31½	3. 32. 55½	188	179. 00. 02½	3. 40. 44½
176	168. 10. 16½	3. 33. 45	184	175. 21. 38	3. 38. 24½
180	171. 45. 11	3. 34. 54½	180	171. 45. 11	3. 36. 27

TABLE de la hauteur du Nonagésime sous la Latitude de 20 degrés.

Milieu du Ciel.	DISTANCE au ZÉNIT.	DIFFÉRENCES.	Milieu du Ciel.	DISTANCE au ZÉNIT.	DIFFÉRENCES.
Deg.	D. M. S.	D. M. S.	Deg.	D. M. S.	D. M. S.
0	18. 17. 03⅓		360	18. 17. 03⅓	
		1. 34. 05⅓			1. 34. 59+
4	16. 42. 58		356	19. 52. 02⅔	
		1. 32. 51½			1. 35. 23+
8	15. 10. 06½		352	21. 27. 26	
		1. 31. 18+			1. 35. 33½
12	13. 38. 48—		348	23. 02. 59½	
		1. 29. 24			1. 35. 16
16	12. 09. 24		344	24. 38. 15½	
		1. 27. 07—			1. 34. 32½
20	10. 42. 17+		340	26. 12. 48	
		1. 24. 32+			1. 33. 26
24	9. 17. 45		336	27. 46. 14	
		1. 21. 38—			1. 31. 55
28	7. 56. 07+		332	29. 18. 09	
		1. 18. 23			1. 29. 47½
32	6. 37. 44+		328	30. 47. 56½	
		1. 14. 51½			1. 27. 20—
36	5. 22. 52½		324	32. 15. 16+	
		1. 11. 00+			1. 24. 26—
40	4. 11. 52+		320	33. 39. 36	
		1. 06. 51½			1. 20. 48
44	3. 05. 01—		316	35. 00. 24	
		1. 02. 26+			1. 16. 46
48	2. 02. 34½		312	36. 17. 10	
		0. 57. 44½			1. 12. 10—
52	1. 04. 50—		308	37. 29. 20—	
		0. 52. 46½			1. 07. 02+
56	0. 12. 03½		304	38. 36. 22	
					1. 01. 19—
	Nord ou Sud.		300	39. 37. 41	
		0. 47. 35½			0. 55. 05+
60	0. 35. 32		296	40. 32. 46	
		0. 42. 09+			0. 48. 21½
64	1. 17. 41+		292	41. 21. 07½	
		0. 36. 32+			0. 41. 08
68	1. 54. 13⅓		288	42. 02. 15½	
		0. 30. 42			0. 33. 28
72	2. 24. 55½		284	42. 35. 43½	
		0. 24. 48			0. 25. 27½
76	2. 49. 43½		280	43. 01. 10	
		0. 18. 42—			0. 17. 08
80	3. 08. 25		276	43. 18. 18	
		0. 12. 31+			0. 08. 37
84	3. 20. 56⅓		272	43. 26. 55	
		0. 06. 17—			0. 01. 05
88	3. 27. 13		270	43. 28. 00	

Suite

Suite de la Table de la hauteur du Nonagésime sous la Latitude de 20 degrés.

Milieu du Ciel.	DISTANCE au ZÉNIT.	DIFFÉRENCES.	Milieu du Ciel.	DISTANCE du ZÉNIT.	DIFFÉRENCES.
Deg.	D. M. S.	D. M. S.	Deg.	D. M. S.	D. M. S.
90	3. 28. 00	0. 03. 08	270	43. 28. 00	0. 04. 20
92	3. 27. 13	0. 06. 17—	268	43. 26. 55	0. 08. 37
96	3. 20. 56⅓	0. 12. 31+	264	43. 18. 18	0. 17. 08
100	3. 08. 25	0. 18. 42—	260	43. 01. 10	0. 25. 26½
104	2. 49. 43⅓	0. 24. 48	256	42. 35. 43½	0. 33. 28
108	2. 24. 55½	0. 30. 42	252	42. 02. 15½	0. 41. 08
112	1. 54. 13⅓	0. 36. 32	248	41. 21. 07½	0. 48. 21½
116	1. 17. 41+	0. 42. 09	244	40. 32. 46	0. 55. 05+
120	0. 35. 32	0. 47. 35½	240	39. 37. 41—	1. 01. 19—
	Sud ou Nord.		236	38. 36. 22	1. 07. 02+
124	0. 12. 03½	0. 52. 46½	232	37. 29. 20—	1. 12. 10—
128	1. 04. 50	0. 57. 44½	228	36. 17. 10	1. 16. 46
132	2. 02. 34½	1. 02. 26½	224	35. 00. 24	1. 20. 48
136	3. 05. 01	1. 06. 51+	220	33. 39. 36	1. 24. 26—
140	4. 11. 52+	1. 11. 00½	216	32. 15. 16+	1. 27. 20—
144	5. 22. 52½	1. 14. 52—	212	30. 47. 56½	1. 29. 47½
148	6. 37. 44+	1. 18. 23	208	29. 18. 09	1. 31. 55
152	7. 56. 07+	1. 21. 38—	204	27. 46. 14	1. 33. 26
156	9. 17. 45	1. 24. 32+	200	26. 12. 48+	1. 34. 33—
160	10. 42. 17+	1. 27. 07	196	24. 38. 15½	1. 35. 16
164	12. 09. 24	1. 29. 24—	192	23. 02. 59½	1. 35. 33½
168	13. 38. 48—	1. 31. 18+	188	21. 27. 26	1. 35. 23+
172	15. 10. 06½	1. 32 51½	184	19. 52. 02⅔	1. 34. 59⅓
176	16. 42. 58	1. 34. 05⅓	180	18. 17. 03⅓	
180	18. 17. 03⅓				

D

L'expreſſion analytique pour la ſeule parallaxe de longitude, des Mémoires de Berlin, *année 1749*, doit nous donner encore plus ſimplement que par les longs calculs que l'on adoptoit ci-devant, l'angle parallactique au centre de la Lune, & par conſéquent ſa parallaxe en latitude, puiſque le triangle parallactique eſt toujours conſidéré comme rectiligne. Le Navigateur, en ce cas, ne doit rien négliger pour s'aſſurer de la hauteur apparente de la Lune, avant & après l'obſervation de ſa diſtance à une Étoile.

Car il eſt beaucoup plus facile de s'aſſurer en effet de la hauteur de la Lune ſur l'horizon de la mer à cauſe de ſon reflet, qui dans les pleines Lunes les moins hautes, ſe prolonge juſque dans l'horizon, que de s'aſſurer de celle de l'Étoile: l'expérience n'a que trop fait connoître l'incertitude des hauteurs d'Étoiles meſurées avec les octans de réflexion pendant la nuit.

Mais la hauteur de la Lune obſervée, donne à l'inſtant la parallaxe qui lui convient; c'eſt-à-dire l'hypothénuſe d'un triangle rectangle, considéré comme rectiligne; & puisque l'expression . . . .

$$\frac{\text{parall. horiz.} \times \text{sin. dist. au nonag.} \times \text{sin. haut. nonag.}}{\text{cosin. de la latitude vraie.}}$$

nous indique la parallaxe en longitude; on aura donc ainsi l'angle parallactique, à l'aide, si l'on veut, de la double règle de Gunter, & pareillement sans un plus long calcul, la parallaxe de latitude qui convient à l'instant de l'observation de la distance mesurée.

Parmi les Navigateurs, quelques-uns emploient pour résoudre les triangles sphériques, la projection de l'Almageste de Ptolémée, ou projection stéréographique, laquelle suppose l'œil au Pôle opposé à l'hémisphère visible: la propriété singulière de cette projection est connue, puisqu'elle n'admet, à l'exclusion des autres projections (où diverses courbes s'introduisent) que des cercles ou des lignes droites, ce qui en a séduit les Partisans.

Comme il n'est pas usité de faire graver sur une platine de métal, & d'une grandeur peu commune, les hémisphères avec leurs cercles horaires & parallèles à l'Équateur, ou ce qui revient au même, les verticaux & les parallèles à l'horizon; ils n'ont pas pour cela renoncé à l'usage si fécond qu'ils pourroient en retirer; les uns s'attachant à connoître les défauts du papier, qui se contacte inégalement après l'impression de ces hémisphères, en ont construit quelques Tables subsidiaires: ils appliquent ensuite par-dessus un autre hémisphère transparent, ce qui leur donne incontinent la solution de leurs triangles sphériques.

D'autres se fiant davantage sur les vrais principes élémentaires de cette projection qu'ils ont étudiés dans Stoflerinus, Tacquet, &c. ne sont nullement embarrassés pour résoudre sans Tables les triangles sphériques; ils se servent pour cet effet de leur compas simple & d'une excellente échelle des cordes; celle-ci leur sert aussitôt à appliquer sur la circonférence extérieure d'un cercle (qu'on suppose être celui de la projection) le côté d'un de leurs triangles & les échelles simples des sinus, tangentes & sécantes, tracées sur le revers de l'échelle des logarithmes ou bien ſur un compas de proportion, leur indiquent à un quart de degré près, les côtés ou les angles des triangles ſphériques qui leur reſtent à réſoudre; car ils en trouvent les pôles & forment ainſi les triangles.

C'eſt ce qui a déterminé, il y a long-temps à appliquer ces échelles ſimples, qui ſont les cordes, les ſinus, tangentes & ſécantes, ſur le revers de la règle logarithmique de Gunter, & l'uſage fréquent n'en appartient qu'à ceux qui ont commencé par faire une étude toute particulière des loix de la projection ſtéréographique.

Au reſte, puiſqu'il eſt avéré qu'on ne peut ſe fier aux Éphémérides, dont l'abus quel qu'il ſoit, ne diſpenſe pas le Navigateur de s'aſſurer par le calcul des Tables du lieu de la Lune; je ne vois pas pourquoi on renonceroit à ſe ſervir des Tables des logarithmes des ſinus, qui ſont aujourd'hui entre les mains de tous ceux qui ſavent aſſez d'Aſtronomie pour l'appliquer aux uſages de la Navigation: le calcul du lieu apparent de la

Lune, par les moyens qu'on vient d'indiquer, eſt devenu plus ſimple, beaucoup moins long, moins ſujet à erreur, en un mot beaucoup plus traitable qu'il n'étoit autrefois. Ne faut-il pas d'abord commencer par chercher les parallaxes de hauteur, à l'aide des parallaxes horizontales, ſoit qu'on les réduiſe en ſecondes, ou ce qui eſt plus prompt, à l'aide des premières minutes & ſecondes de degrés des Tables de Vlacq ou de Gardiner? n'a-t-on pas plutôt ainſi opéré par une ſimple addition, que de les déduire des Tables vulgaires, mais ſi peu étendues de ces parallaxes, puiſqu'on ne ſauroit les y prendre à vue? ne peut-on pas s'aſſurer tout d'un coup d'avoir évité quelques mépriſes, à l'aide de la règle logarithmique, ce qui exempte d'en faire plus d'une fois le calcul, en cas d'erreur?

Lorſque l'on compare la Lune au Soleil dans les croiſſans ou dans le décours, il eſt déjà très-facile de meſurer ſa hauteur ſur l'horizon, s'il eſt viſible, l'opération ſe faiſant en plein jour; ainſi le calcul de l'angle parallactique ſera d'autant plus aiſé que nous ſuppoſons déjà connues la hauteur & la longitude du nonagéſime, de même que la parallaxe en longitude à l'aide de l'expreſſion ci-deſſus : les Navigateurs ne s'accordent pas encore entre eux ſur le degré de juſteſſe avec lequel ils peuvent meſurer la diſtance de la Lune au Soleil avec l'octant à lunette ; mais l'expérience & le raiſonnement ſupplée à ces ſortes d'opinions forcées, puiſque les inſtrumens les mieux conſtruits & les plus éprouvés à terre ſur les diſtances des Étoiles à différens arcs, donneront à l'aide des deux bords du Soleil la diſtance de ſon centre au bord de la Lune, à une minute près ; telle eſt la préciſion à laquelle on peut eſpérer d'atteindre en ſe ſervant de l'octant ; mais cela n'exempte pas le Navigateur d'y employer le calcul des meilleures Tables du Soleil ; celles que l'on a conſtruites à l'imitation de M. Euler, il y a quinze ans ou environ, ſuppoſent toutes les élémens déjà connus *(page 660 des Inſtitutions aſtronomiques)* & publiées dans l'Hiſtoire céleſte : auſſi diffèrent-elles à peine de celles que ce célèbre Géomètre publia ſur les mêmes principes dans ses Opuscules, en 1746; mais au lieu de diminuer de quelques secondes l'équation du centre, comme cela s'étoit déjà pratiqué en 1720, j'ai fait voir au *III.e livre des Observations de la Lune*, qu'elle avoit besoin au contraire d'être augmentée; nous la supposerons dans les Tables suivantes de $1^d\ 55'\ 40''$. L'équation de la Lune que M. Euler a introduite lorsqu'on supposoit la parallaxe du Soleil trop grande, n'étant pas de $0'\ \frac{1}{12}$ ou $5''$ sensible depuis la ligne des syzygies jusqu'aux quadratures, on l'a supprimée dans les Tables suivantes; mais comme il faut que l'Observateur soit assuré du vrai lieu du Soleil, on y a introduit l'inégale précession de l'équinoxe suffisamment avérée depuis ces premiers Essais de M. Euler, comme cela se voit aux Transactions philosophiques & dans nos Mémoires de l'Académie qui furent publiés en même-temps.

On auroit donc grand tort de négliger cette inégale précession des équinoxes, puisque le lieu du Soleil sans cette correction, pourroit être défectueux d'une demi-minute au moins.

Les époques du moyen mouvement du Soleil méritent aussi une attention toute particulière pour le commencement de chaque année; il ne s'agit pas de les transcrire ici à la manière usitée dans le commerce de Littérature européenne : il n'est question que d'éclairer en ce moment-ci, & non pas d'une copie infidèle de ces Tables; or M. Euler avoit introduit l'accélération du mouvement de la Terre, & par conséquent les années plus courtes à mesure que l'on s'avance dans le siècle: cette hypothèse démentie par les observations, a donné lieu aux époques variables du lieu du Soleil, ce qui fut rejeté en 1759, mais non pas par les partisans, toujours trop tardifs, des Écrits périodiques: il seroit cependant ridicule aujourd'hui d'adhérer à des époques qui tiennent trop à une fausse hypothèse désavouée par l'auteur, sur la foi des observations: ces époques sont déjà, en 1771, beaucoup trop avancées, & il n'est pas encore prouvé qu'il faille changer la durée de l'année solaire, si ce n'est relativement aux Étoiles fixes, à cause que la précession annuelle de l'équinoxe excède tant soit peu 50 secondes, ainsi qu'on l'a fait voir en 1719 & 1747 aux Transactions philosophiques.

La théorie du moyen mouvement de l'apogée, demande une plus ample discussion que celle que nous venons de faire sur la question des époques du moyen mouvement du Soleil: cette matière semble exiger qu'on prouve dans un Écrit public, les innovations qu'on doit faire aux époques du mouvement de l'apogée, & il faudroit y comparer les observations faites il y a environ cent ans avec celles qui ont été suivies à ce dessein depuis plus de trente années: d'ailleurs les observations en sont délicates & difficiles à bien traiter à cause des erreurs du plan des quarts-de-cercle muraux & du peu d'exactitude des hauteurs correspondantes du Soleil, sur-tout en hiver.

Le mouvement annuel de la précession des équinoxes étant mieux connu, on aura au lieu de $0^{s}\ 00^{d}\ 45'\ 20''$ le mouvement moyen du Soleil en cent ans, outre les révolutions entières, $0^{s}\ 0^{d}\ 46'\ 00''$: *voyez les Opuscules publiés par M. Euler il y a vingt-cinq ans.*

ÉPOQUES des moyens mouvemens du Soleil & de son Apogée au Méridien de Paris.

ANNÉES.	Sig.	Deg.	Min.	Sec.	Sig.	Deg.	Min.	Sec.
1733	9.	10.	07.	23,7	3.	08.	23.	04
1734	9.	09.	53.	04,2	3.	08.	24.	07
1735	9.	09.	38.	44,7	3.	08.	25.	10
1736 B.	9.	10.	23.	33,6	3.	08.	26.	13
1737	9.	10.	09.	14,1	3.	08.	27.	16
1738	9.	09.	54.	54,6	3.	08.	28.	19
1739	9.	09.	40.	35,1	3.	08.	29.	22
1740 B.	9.	10.	25.	24,0	3.	08.	30.	25
1741	9.	10.	11.	04,5	3.	08.	31.	28
1742	9.	09.	56.	45,0	3.	08.	32.	31
1743	9.	09.	42.	25,5	3.	08.	33.	34
1744 B.	9.	10.	27.	14,4	3.	08.	34.	37
1745	9.	10.	12.	54,9	3.	08.	35.	40
1746	9.	09.	58.	35,4	3.	08.	36.	43
1747	9.	09.	44.	15,9	3.	08.	37.	46
1748 B.	9.	10.	29.	04,8	3.	08.	38.	49
1749	9.	10.	14.	45,3	3.	08.	39.	52
1750	9.	10.	00.	25,8	3.	08.	40.	55
1751	9.	09.	46.	06,3	3.	08.	41.	58
1752 B.	9.	10.	30.	55,2	3.	08.	43.	01
1753	9.	10.	16.	35,7	3.	08.	44.	04
1754	9.	10.	02.	16,2	3.	08.	45.	07
1755	9.	09.	47.	56,7	3.	08.	46.	10
1756 B.	9.	10.	32.	45,6	3.	08.	47.	13
1757	9.	10.	18.	26,1	3.	08.	48.	16
1758	9.	10.	04.	06,6	3.	08.	49.	19
1759	9.	09.	49.	47,1	3.	08.	50.	22
1760 B.	9.	10.	34.	36,0	3.	08.	51.	25
1761	9.	10.	20.	16,5	3.	08.	52.	28

Suite des Époques des moyens mouvemens, &c.

ANNÉES.	Sig. Deg. Min. Sec.	Sig. Deg. Min. Sec.
1762	9. 10. 05. 57,0	3. 08. 53. 31
1763	9. 09. 51. 37,5	3. 08. 54. 34
1764 B.	9. 10. 36. 26,4	3. 08. 55. 37
1765	9. 10. 22. 06,0	3. 08. 56. 40
1766	9. 10. 07. 47,4	3. 08. 57. 43
1767	9. 09. 53. 27,9	3. 08. 58. 46
1768 B.	9. 10. 38. 16,8	3. 08. 59. 49
1769	9. 10. 23. 57,3	3. 09. 00. 52
1770	9. 10. 09. 37,8	3. 09. 01. 55
1771	9. 09. 55. 18,3	3. 09. 02. 58
1772 B.	9. 10. 40. 07,2	3. 09. 04. 01
1773	9. 10. 25. 47,7	3. 09. 05. 04
1774	9. 10. 11. 28,2	3. 09. 06. 07
1775	9. 09. 57. 08,7	3. 09. 07. 10
1776 B.	9. 10. 41. 57,6	3. 09. 08. 13
1777	9. 10. 27. 38,1	3. 09. 09. 16
1778	9. 10. 13. 18,6	3. 09. 10. 19
1779	9. 09. 58. 59,1	3. 09. 11. 22
1780 B.	9. 10. 43. 48,0	3. 09. 12. 25
1781	9. 10. 29. 28,5	3. 09. 13. 28
1782	9. 10. 15. 09,0	3. 09. 14. 31
1783	9. 10. 00. 49,5	3. 09. 15. 34
1784 B.	9. 10. 45. 38,4	3. 09. 16. 37
1785	9. 10. 31. 18,9	3. 09. 17. 40
1786	9. 10. 16. 59,4	3. 09. 18. 43
1787	9. 10. 02. 39,9	3. 09. 19. 46
1788 B.	9. 10. 47. 28,8	3. 09. 20. 49
1789	9. 10. 33. 09,3	3. 09. 21. 52
1790	9. 10. 18. 49,8	3. 09. 22. 55
1791	9. 10. 04. 30,2	3. 09. 23. 58
1792 B.	9. 10. 49. 19,2	3. 09. 25. 01

Moyens mouvemens du Soleil.

Année Bissextile.	Année commune.	JANVIER. MOYEN MOUVEMENT du SOLEIL.	Apogée.	FÉVRIER. MOYEN MOUVEMENT du SOLEIL.	Apogée.
Jours	Jours	S. D. M. S.	S.	S. D. M. S.	S.
1	0	0. 00. 00. 00	0	1. 00. 33. 18 1/3	
2	1	0. 00. 59. 08 1/3		1. 01. 32. 26 2/3	
3	2	0. 01. 58. 16 2/3		1. 02. 31. 35	
4	3	0. 02. 57. 25		1. 03. 30. 43 1/3	
5	4	0. 03. 56. 33 1/3		1. 04. 29. 51 2/3	
6	5	0. 04. 55. 41 2/3		1. 05. 29. 00	6
7	6	0. 05. 54. 50	1	1. 06. 28. 08 1/3	
8	7	0. 06. 53. 58 1/3		1. 07. 27. 16 2/3	
9	8	0. 07. 53. 06 2/3		1. 08. 26. 25	
10	9	0. 08. 52. 15		1. 09. 25. 33 1/3	
11	10	0. 09. 51. 23 1/3		1. 10. 24. 41 2/3	7
12	11	0. 10. 50. 31 2/3	2	1. 11. 23. 50	
13	12	0. 11. 49. 40		1. 12. 22. 58 1/3	
14	13	0. 12. 48. 48 1/3		1. 13. 22. 06 2/3	
15	14	0. 13. 47. 56 2/3		1. 14. 21. 15	
16	15	0. 14. 47. 05		1. 15. 20. 23 1/3	8
17	16	0. 15. 46. 13 1/3		1. 16. 19. 31 2/3	
18	17	0. 16. 45. 21 2/3	3	1. 17. 18. 40	
19	18	0. 17. 44. 30		1. 18. 17. 48 1/3	
20	19	0. 18. 43. 38 1/3		1. 19. 16. 56 2/3	
21	20	0. 19. 42. 46 2/3		1. 20. 16. 05	9
22	21	0. 20. 41. 55		1. 21. 15. 13 1/3	
23	22	0. 21. 41. 03 1/3		1. 22. 14. 21 2/3	
24	23	0. 22. 40. 11 2/3		1. 23. 13. 30	
25	24	0. 23. 39. 20		1. 24. 12. 38 1/3	
26	25	0. 24. 38. 29 1/3	4	1. 25. 11. 46 2/3	10
27	26	0. 25. 37. 36 2/3		1. 26. 10. 55	
28	27	0. 26. 36. 45		1. 27. 10. 03 1/3	
29	28	0. 27. 35. 53 1/3		1. 28. 09. 11 2/3	
30	29	0. 28. 35. 01 2/3			
31	30	0. 29. 34. 10			
	31	1. 00. 33. 18 1/3	5		

Moyens mouvemens du Soleil.

Jours du mois.	MARS. MOYEN MOUVEMENT du SOLEIL. S. D. M. S.	APOGÉE. S.	AVRIL. MOYEN MOUVEMENT du SOLEIL. S. D. M. S.	APOGÉE. S.
1	1. 29. 08. 20		2. 29. 41. 38 $\frac{1}{3}$	
2	2. 00. 07. 28 $\frac{1}{3}$		3. 00. 40. 46 $\frac{2}{3}$	
3	2. 01. 06. 36 $\frac{2}{3}$		3. 01. 39. 55	16
4	2. 02. 05. 45		3. 02. 39. 03 $\frac{1}{3}$	
5	2. 03. 04. 53 $\frac{1}{3}$	11	3. 03. 38. 11 $\frac{2}{3}$	
6	2. 04. 04. 01 $\frac{2}{3}$		3. 04. 37. 20	
7	2. 05. 03. 10		3. 05. 36. 28 $\frac{1}{3}$	
8	2. 06. 02. 18 $\frac{1}{3}$		3. 06. 35. 36 $\frac{2}{3}$	
9	2. 07. 01. 26 $\frac{2}{3}$		3. 07. 34. 45	17
10	2. 08. 00. 35		3. 08. 33. 53 $\frac{1}{3}$	
11	2. 08. 59. 43 $\frac{1}{3}$	12	3. 09. 33. 01 $\frac{2}{3}$	
12	2. 09. 58. 51 $\frac{2}{3}$		3. 10. 32. 10	
13	2. 10. 58. 00		3. 11. 31. 18 $\frac{1}{3}$	
14	2. 11. 57. 08 $\frac{1}{3}$		3. 12. 30. 26 $\frac{2}{3}$	
15	2. 12. 56. 16 $\frac{2}{3}$		3. 13. 29. 35	
16	2. 13. 55. 25	13	3. 14. 28. 43	18
17	2. 14. 54. 33 $\frac{1}{3}$		3. 15. 27. 51 $\frac{1}{3}$	
18	2. 15. 53. 41 $\frac{2}{3}$		3. 16. 26. 59 $\frac{2}{3}$	
19	2. 16. 52. 50		3. 17. 26. 08	
20	2. 17. 51. 58 $\frac{1}{3}$		3. 18. 25. 16 $\frac{1}{3}$	
21	2. 18. 51. 06 $\frac{2}{3}$		3. 19. 24. 24 $\frac{2}{3}$	
22	2. 19. 50. 15	14	3. 20. 23. 33	19
23	2. 20. 49. 23 $\frac{1}{3}$		3. 21. 22. 41 $\frac{1}{3}$	
24	2. 21. 48. 31 $\frac{2}{3}$		3. 22. 21. 49 $\frac{2}{3}$	
25	2. 22. 47. 40		3. 23. 20. 58	
26	2. 23. 46. 48 $\frac{1}{3}$		3. 24. 20. 06 $\frac{1}{3}$	
27	2. 24. 45. 56 $\frac{2}{3}$		3. 25. 19. 14 $\frac{2}{3}$	20
28	2. 25. 45. 05	15	3. 26. 18. 23	
29	2. 26. 44. 13 $\frac{1}{3}$		3. 27. 17. 31 $\frac{1}{3}$	
30	2. 27. 43. 21 $\frac{2}{3}$		3. 28. 16. 39 $\frac{2}{3}$	
31	2. 28. 42. 30			

Moyens mouvemens du Soleil.

Jours du mois.	MAI. MOYEN MOUVEMENT du SOLEIL.				APOGÉE.	JUIN. MOYEN MOUVEMENT du SOLEIL.				APOGÉE.
	S.	D.	M.	S.	S.	S.	D.	M.	S.	S.
1	3.	29.	15.	48		4.	29.	49.	06⅓	
2	4.	00.	14.	56⅓	21	5.	00.	48.	14⅔	
3	4.	01.	14.	04⅔		5.	01.	47.	23	
4	4.	02.	13.	13		5.	02.	46.	31⅓	
5	4.	03.	12.	21⅓		5.	03.	45.	39⅔	27
6	4.	04.	11.	29⅔		5.	04.	44.	48	
7	4.	05.	10.	38		5.	05.	43.	56⅓	
8	4.	06.	09.	46⅓	22	5.	06.	43.	04⅔	
9	4.	07.	08.	54⅔		5.	07.	42.	13	
10	4.	08.	08.	03		5.	08.	41.	21⅓	
11	4.	09.	07.	11⅓		5.	09.	40.	29⅔	28
12	4.	10.	06.	19⅔		5.	10.	39.	38	
13	4.	11.	05.	28		5.	11.	38.	46⅓	
14	4.	12.	04.	36⅓	23	5.	12.	37.	54⅔	
15	4.	13.	03.	44⅔		5.	13.	37.	03	
16	4.	14.	02.	53		5.	14.	36.	11⅓	
17	4.	15.	02.	01⅓		5.	15.	35.	19⅔	29
18	4.	16.	01.	09⅔		5.	16.	34.	28	
19	4.	17.	00.	18	24	5.	17.	33.	36⅓	
20	4.	17.	59.	26⅓		5.	18.	32.	44⅔	
21	4.	18.	58.	34⅔		5.	19.	31.	53	
22	4.	19.	57.	43		5.	20.	31.	01⅓	
23	4.	20.	56.	51⅓		5.	21.	30.	09⅔	
24	4.	21.	55.	59⅔		5.	22.	29.	18	30
25	4.	22.	55.	08	25	5.	23.	28.	26⅓	
26	4.	23.	54.	16⅓		5.	24.	27.	34⅔	
27	4.	24.	53.	24⅔		5.	25.	26.	43	
28	4.	25.	52.	33		5.	26.	25.	51⅓	
29	4.	26.	51.	41⅓		5.	27.	24.	59⅔	31
30	4.	27.	50.	49⅔		5.	28.	24.	08	
31	4.	28.	49.	58	26					

Moyens mouvemens du Soleil.

Jours du mois.	JUILLET. MOYEN MOUVEMENT du SOLEIL. S. D. M. S.	APOGÉE. S.	AOUST. MOYEN MOUVEMENT du SOLEIL. S. D. M. S.	APOGÉE. S.
1	5. 29. 23. 16$\frac{1}{3}$		6. 29. 56. 34$\frac{2}{3}$	37
2	6. 00. 22. 24$\frac{2}{3}$		7. 00. 55. 43	
3	6. 01. 21. 33	32	7. 01. 54. 51$\frac{1}{3}$	
4	6. 02. 20. 41$\frac{1}{3}$		7. 02. 53. 59$\frac{2}{3}$	
5	6. 03. 19. 49$\frac{2}{3}$		7. 03. 53. 08	
6	6. 04. 18. 58		7. 04. 52. 16$\frac{1}{3}$	38
7	6. 05. 18. 06$\frac{1}{3}$		7. 05. 51. 24$\frac{2}{3}$	
8	6. 06. 17. 14$\frac{2}{3}$		7. 06. 50. 33	
9	6. 07. 16. 23	33	7. 07. 49. 41$\frac{1}{3}$	
10	6. 08. 15. 31$\frac{1}{3}$		7. 08. 48. 49$\frac{2}{3}$	
11	6. 09. 14. 39$\frac{2}{3}$		7. 09. 47. 58	
12	6. 10. 13. 48		7. 10. 47. 06$\frac{1}{3}$	39
13	6. 11. 12. 56$\frac{1}{3}$		7. 11. 46. 14$\frac{2}{3}$	
14	6. 12. 12. 04$\frac{2}{3}$		7. 12. 45. 23	
15	6. 13. 11. 13	34	7. 13. 44. 31$\frac{1}{3}$	
16	6. 14. 10. 21$\frac{1}{3}$		7. 14. 43. 39$\frac{2}{3}$	
17	6. 15. 09. 29$\frac{2}{3}$		7. 15. 42. 48	
18	6. 16. 08. 38		7. 16. 41. 56$\frac{1}{3}$	40
19	6. 17. 07. 46$\frac{1}{3}$		7. 17. 41. 04$\frac{2}{3}$	
20	6. 18. 06. 54$\frac{2}{3}$	35	7. 18. 40. 13	
21	6. 19. 06. 03		7. 19. 39. 21$\frac{1}{3}$	
22	6. 20. 05. 11$\frac{1}{3}$		7. 20. 38. 29$\frac{2}{3}$	
23	6. 21. 04. 19$\frac{2}{3}$		7. 21. 37. 38	
24	6. 22. 03. 28		7. 22. 36. 46$\frac{1}{3}$	41
25	6. 23. 02. 36$\frac{1}{3}$		7. 23. 35. 54$\frac{2}{3}$	
26	6. 24. 01. 44$\frac{2}{3}$	36	7. 24. 35. 03	
27	6. 25. 00. 53		7. 25. 34. 11$\frac{1}{3}$	
28	6. 26. 00. 01$\frac{1}{3}$		7. 26. 33. 19$\frac{2}{3}$	
29	6. 26. 59. 09$\frac{2}{3}$		7. 27. 32. 28	
30	6. 27. 58. 18		7. 28. 31. 36$\frac{1}{3}$	
31	6. 28. 57. 26$\frac{1}{3}$		7. 29. 30. 44$\frac{2}{3}$	42

Moyens mouvemens du Soleil.

Jours du mois.	SEPTEMBRE. MOYEN MOUVEMENT du SOLEIL. S. D. M. S.	APOGÉE. S.	OCTOBRE. MOYEN MOUVEMENT du SOLEIL. S. D. M. S.	APOGÉE. S.
1	8. 00. 29. 53	42	9. 00. 04. 02 2/3	
2	8. 01. 29. 01 1/3		9. 01. 03. 11	
3	8. 02. 28. 09 2/3		9. 02. 02. 19 1/3	
4	8. 03. 27. 18		9. 03. 01. 27 2/3	
5	8. 04. 26. 26 1/3		9. 04. 00. 36	48
6	8. 05. 25. 34 2/3	43	9. 04. 59. 44 1/3	
7	8. 06. 24. 43		9. 05. 58. 52 2/3	
8	8. 07. 23. 51 1/3		9. 06. 58. 01	
9	8. 08. 22. 59 2/3		9. 07. 57. 09 1/3	
10	8. 09. 22. 08		9. 08. 56. 17 2/3	
11	8. 10. 21. 16 1/3	44	9. 09. 55. 26	
12	8. 11. 20. 24 2/3		9. 10. 54. 34 1/3	49
13	8. 12. 19. 33		9. 11. 53. 42 2/3	
14	8. 13. 18. 41 1/3		9. 12. 52. 51	
15	8. 14. 17. 49 2/3		9. 13. 51. 59 1/3	
16	8. 15. 16. 58		9. 14. 51. 07 2/3	
17	8. 16. 16. 06 1/3	45	9. 15. 50. 16	
18	8. 17. 15. 14 2/3		9. 16. 49. 24 1/3	50
19	8. 18. 14. 23		9. 17. 48. 32 2/3	
20	8. 19. 13. 31 1/3		9. 18. 47. 41	
21	8. 20. 12. 39 2/3		9. 19. 46. 49 1/3	
22	8. 21. 11. 48		9. 20. 45. 57 2/3	
23	8. 22. 10. 56 1/3	46	9. 21. 45. 06	
24	8. 23. 10. 04 2/3		9. 22. 44. 14 1/3	51
25	8. 24. 09. 13		9. 23. 43. 22 2/3	
26	8. 25. 08. 21 1/3		9. 24. 42. 31	
27	8. 26. 07. 29 2/3		9. 25. 41. 39 1/3	
28	8. 27. 06. 38–		9. 26. 40. 47 2/3	
29	8. 28. 05. 46 1/3	47	9. 27. 39. 56	
30	8. 29. 04. 54 2/3		9. 28. 39. 04 1/3	
31			9. 29. 38. 12 2/3	52

Moyens mouvemens du Soleil.

Jours du mois.	NOVEMBRE. MOYEN MOUVEMENT du SOLEIL.	APOGÉE.	DÉCEMBRE. MOYEN MOUVEMENT du SOLEIL.	APOGÉE.
	S. D. M. S.	*S.*	*S. D. M. S.*	*S.*
1	10. 00. 37. 21—		11. 00. 11. 30$\frac{2}{3}$	
2	10. 01. 36. 29+		11. 01. 10. 39	
3	10. 02. 35. 37$\frac{1}{3}$		11. 02. 09. 47$\frac{1}{3}$	58
4	10. 03. 34. 45$\frac{2}{3}$		11. 03. 08. 55$\frac{2}{3}$	
5	10. 04. 33. 54	53	11. 04. 08. 04	
6	10. 05. 33. 02$\frac{1}{3}$		11. 05. 07. 12$\frac{1}{3}$	
7	10. 06. 32. 10$\frac{2}{3}$		11. 06. 06. 20$\frac{2}{3}$	
8	10. 07. 31. 19		11. 07. 05. 29	59
9	10. 08. 30. 27$\frac{1}{3}$		11. 08. 04. 37$\frac{1}{3}$	
10	10. 09. 29. 35$\frac{2}{3}$		11. 09. 03. 45$\frac{2}{3}$	
11	10. 10. 28. 44	54	11. 10. 02. 54	
12	10. 11. 27. 52$\frac{1}{3}$		11. 11. 02. 02$\frac{1}{3}$	
13	10. 12. 27. 00$\frac{2}{3}$		11. 12. 01. 10$\frac{2}{3}$	60
14	10. 13. 26. 09		11. 13. 00. 19	
15	10. 14. 25. 17$\frac{1}{3}$		11. 13. 59. 27$\frac{1}{3}$	
16	10. 15. 24. 25$\frac{2}{3}$	55	11. 14. 58. 35$\frac{2}{3}$	
17	10. 16. 23. 34		11. 15. 57. 44	
18	10. 17. 22. 42$\frac{1}{3}$		11. 16. 56. 52$\frac{1}{3}$	
19	10. 18. 21. 50$\frac{2}{3}$		11. 17. 56. 00$\frac{2}{3}$	61
20	10. 19. 20. 59		11. 18. 55. 09	
21	10. 20. 20. 07$\frac{1}{3}$	56	11. 19. 54. 17$\frac{1}{3}$	
22	10. 21. 19. 15$\frac{2}{3}$		11. 20. 53. 25$\frac{2}{3}$	
23	10. 22. 18. 24		11. 21. 52. 34	
24	10. 23. 17. 32$\frac{1}{3}$		11. 22. 51. 42$\frac{1}{3}$	
25	10. 24. 16. 40$\frac{2}{3}$		11. 23. 50. 50$\frac{2}{3}$	62
26	10. 25. 15. 49		11. 24. 49. 59	
27	10. 26. 14. 57$\frac{1}{3}$	57	11. 25. 49. 07$\frac{1}{3}$	
28	10. 27. 14. 05$\frac{2}{3}$		11. 26. 48. 15$\frac{2}{3}$	
29	10. 28. 13. 14		11. 27. 47. 24	
30	10. 29. 12. 22$\frac{1}{3}$		11. 28. 46. 32$\frac{1}{3}$	
31			11. 29. 45. 40$\frac{2}{3}$	63

Suite de la Table des moyens mouvemens du Soleil.

Heures.	D.	M.	S.		Heures.	D.	M.	S.
Minutes.	M.	S.	T.		Minutes.	M.	S.	T.
Sec.	S.	T.	Q.		Sec.	S.	T.	Q.
0	0.	00.	00		30	1.	13.	55 $\frac{1}{2}$
1	0.	02.	28	—	31	1.	16.	23
2	0.	04.	55 $\frac{1}{2}$		32	1.	18.	51
3	0.	07.	23 $\frac{1}{2}$		33	1.	21.	19
4	0.	09.	51 $\frac{1}{2}$		34	1.	23.	47
5	0.	12.	19	+	35	1.	26.	14
6	0.	14.	47		36	1.	28.	42 $\frac{1}{2}$
7	0.	17.	15		37	1.	31.	10
8	0.	19.	43	—	38	1.	33.	38
9	0.	22.	10 $\frac{1}{2}$		39	1.	36.	06
10	0.	24.	38 $\frac{1}{2}$		40	1.	38.	34
11	0.	27.	06 $\frac{1}{3}$		41	1.	41.	02
12	0.	29.	34	+	42	1.	43.	29 $\frac{1}{2}$
13	0.	32.	02		43	1.	45.	57
14	0.	34.	30		44	1.	48.	25
15	0.	36.	58	—	45	1.	50.	53
16	0.	39.	25 $\frac{1}{2}$		46	1.	53.	21
17	0.	41.	53 $\frac{1}{2}$		47	1.	55.	49
18	0.	44.	21	+	48	1.	58.	16 $\frac{1}{2}$
19	0.	46.	49		49	2.	00.	24
20	0.	49.	17		50	2.	03.	12
21	0.	51.	45	—	51	2.	05.	40
22	0.	54.	12 $\frac{1}{2}$		52	2.	08.	08
23	0.	56.	40 $\frac{1}{2}$		53	2.	10.	36
24	0.	59.	08 $\frac{1}{3}$		54	2.	13.	04
25	1.	01.	36		55	2.	15.	31
26	1.	04.	04		56	2.	17.	59 $\frac{1}{2}$
27	1.	06.	32	—	57	2.	20.	27
28	1.	08.	59 $\frac{2}{3}$		58	2.	22.	55
29	1.	11.	27 $\frac{1}{2}$		59	2.	25.	23
30	1.	13.	55 $\frac{1}{2}$		60	2.	27.	51

TABLE de l'équation du centre.

Anomalie moy.	Otez en descendant.						Anomalie moy.
	ANOMALIE MOYENNE DU SOLEIL.						
	Sig. O.	DIFFÉR.	I.	DIFFÉR.	I I.	DIFFÉR.	
	D. M. S.	M. S.	D. M. S.	M. S.	D. M. S.	M. S.	
0	0. 00. 00	1. 58 ½	0. 56. 47	1. 43	1. 39. 07	1. 01	30
1	0. 01. 58 ½	1. 58 ½	0. 58. 30	1. 42	1. 40. 08	0. 59	29
2	0. 03. 57	1. 58+	1. 00. 12	1. 41	1. 41. 07	0. 57	28
3	0. 05. 56—	1. 58	1. 01. 53	1. 40	1. 42. 04	0. 56	27
4	0. 07. 54+	1. 58	1. 03. 33	1. 39	1. 43. 00	0. 54—	26
5	0. 09. 52 ½	1. 58	1. 05. 12	1. 38	1. 43. 53 ½	0. 52+	25
6	0. 11. 50 ½	1. 58	1. 06. 50	1. 37	1. 44. 45	0. 50	24
7	0. 13. 49—	1. 57+	1. 08. 27	1. 35	1. 45. 35	0. 48	23
8	0. 15. 46	1. 57 ½	1. 10. 02	1. 35	1. 46. 23	0. 47	22
9	0. 17. 43 ½	1. 57+	1. 11. 37	1. 33	1. 47. 10	0. 44	21
10	0. 19. 41	1. 57	1. 13. 10	1. 32	1. 47. 54	0. 42	20
11	0. 21. 38—	1. 56	1. 14. 42	1. 30	1. 48. 36+	0. 40+	19
12	0. 23. 34	1. 56	1. 16. 12	1. 29+	1. 49. 17	0. 38	18
13	0. 25. 30	1. 55	1. 17. 41 ½	1. 27+	1. 49. 55	0. 37	17
14	0. 27. 25	1. 55	1. 19. 09	1. 26	1. 50. 32	0. 34+	16
15	0. 29. 20	1. 54	1. 20. 35+	1. 25	1. 51. 06 ½	0. 32	15
16	0. 31. 14	1. 54	1. 22. 00	1. 23	1. 51. 38 ½	0. 30+	14
17	0. 33. 08	1. 54	1. 23. 23+	1. 22	1. 52. 09	0. 29	13
18	0. 35. 02	1. 53—	1. 24. 45+	1. 21	1. 52. 38	0. 26	12
19	0. 36. 54 ½	1. 52+	1. 26. 06	1. 19	1. 53. 04	0. 25	11
20	0. 38. 47	1. 52	1. 27. 25	1. 18	1. 53. 29	0. 22	10
21	0. 40. 39	1. 50+	1. 28. 43	1. 16	1. 53. 51	0. 21	9
22	0. 42. 29 ½	1. 50	1. 29. 59—	1. 14	1. 54. 12	0. 18	8
23	0. 44. 19	1. 50	1. 31. 13	1. 13	1. 54. 30	0. 16	7
24	0. 46. 09	1. 49	1. 32. 26—	1. 11	1. 54. 46	0. 14	6
25	0. 47. 58	1. 47	1. 33. 37—	1. 09	1. 55. 00	0. 12	5
26	0. 49. 45	1. 47	1. 34. 46	1. 08	1. 55. 12	0. 10	4
27	0. 51. 32	1. 46	1. 35. 54	1. 06	1. 55. 22	0. 08	3
28	0. 53. 18	1. 45	1. 37. 00	1. 04	1. 55. 30	0. 06	2
29	0. 55. 03	1. 44	1. 38. 04	1. 03	1. 55. 36	0. 03	1
30	0. 56. 47		1. 39. 07		1. 55. 39		0
Anom.	XI.		X.		IX.		Anom.
	Ajoutez en montant.						

TABLE de l'équation du centre.

Anom. moy.	Otez en descendant.						Anom. moy.
	ANOMALIE MOYENNE DU SOLEIL.						
	Sig. III.	Differ.	IV.	Differ.	V.	Differ.	
D.	D. M. S.	M. S.	D. M. S.	M. S.	D. M. S.	M. S.	D.
0	1.55.39	0.1	1.41.13	1.01	0.58.52	1.46	30
1	1.55.40	0.0	1.40.12½	1.03	0.57.06	1.48	29
2	1.55.40+	0.1½	1.39.10	1.04	0.55.18	1.49	28
3	1.55.39	0.6	1.38.06	1.05	0.53.29½	1.50	27
4	1.55.33	0.8	1.37.00½	1.07	0.51.39+	1.50	26
5	1.55.25	0.9	1.35.53	1.10	0.49.50—	1.52	25
6	1.55.16	0.12	1.34.43	1.11	0.47.58	1.53	24
7	1.55.04—	0.14	1.33.32	1.13	0.46.05½	1.54	23
8	1.54.50	0.16	1.32.19	1.15	0.44.12	1.55	22
9	1.54.34½	0.18	1.31.04	1.16	0.42.17	1.56	21
10	1.54.17	0.20	1.29.47½	1.18	0.40.21	1.56	20
11	1.53.57½	0.22	1.28.30	1.19	0.38.25	1.57	19
12	1.53.36	0.24	1.27.11	1.22	0.36.28	1.58	18
13	1.53.13	0.26	1.25.49	1.24	0.34.30	1.58	17
14	1.52.46	0.28	1.24.25	1.25	0.32.32½	1.59	16
15	1.52.18	0.30	1.22.59½	1.26	0.30.33	1.59	15
16	1.51.48	0.32	1.21.33	1.28	0.28.34	2.01	14
17	1.51.16	0.34	1.20.05	1.30	0.26.33+	2.01	13
18	1.50.41½	0.36	1.18.35½	1.31	0.24.32+	2.01	12
19	1.50.05	0.38	1.17.05	1.33	0.22.31	2.01	11
20	1.49.27	0.41	1.15.32	1.34	0.20.30	2.02	10
21	1.48.46	0.43	1.13.58	1.35	0.18.28+	2.02	9
22	1.48.03	0.44	1.12.23	1.37	0.16.26	2.02	8
23	1.47.19	0.46	1.10.46	1.38	0.14.24	2.03	7
24	1.46.33	0.48	1.09.08	1.39	0.12.21	2.03	6
25	1.45.44½	0.50	1.07.29	1.41	0.10.18	2.03	5
26	1.44.54	0.52	1.05.48	1.42	0.08.15	2.04	4
27	1.44.02	0.55	1.04.06	1.43	0.06.11	2.04	3
28	1.43.07	0.56	1.02.23	1.45	0.04.07½	2.04	2
29	1.42.11	0.58	1.00.38	1.46	0.02.04	2.04	1
30	1.41.13		0.58.52		0.00.00		0
Anom.	VIII.		VII.		VI.		Anom.
	Ajoutez en montant.						

TABLE de l'Équation du TEMPS.

Anom. moy.	Otez en descendant.						Anom. moy.
	Sig. O.	I.	II.	III.	IV.	V.	
D.	M. S.	M. S.	M. S.	M. S.	M. S.	M. S.	D.
0	0. 00	3. 47	6. 36	7. 42	6. 44½	3. 56	30
1	0. 08	3. 54	6. 40	7. 42	6. 40	3. 49	29
2	0. 16	4. 00½	6. 44	7. 42½	6. 36	3. 42	28
3	0. 24—	4. 07	6. 48	7. 42	6. 32	3. 34	27
4	0. 32	4. 13	6. 52	7. 42	6. 28	3. 27	26
5	0. 39½	4. 20	6. 56	7. 41	6. 24	3. 20	25
6	0. 48	4. 26	6. 59	7. 41	6. 20	3. 12	24
7	0. 55	4. 33	7. 02	7. 40½	6. 15	3. 04	23
8	1. 03	4. 39½	7. 05	7. 40	6. 10	2. 56	22
9	1. 10	4. 46	7. 08	7. 39	6. 04	2. 48	21
10	1. 18½	4. 52½	7. 11	7. 37½	5. 59	2. 40½	20
11	1. 27	4. 58½	7. 13	7. 37	5. 53	2. 32	19
12	1. 35	5. 05	7. 16	7. 36	5. 47	2. 25	18
13	1. 42	5. 11	7. 18	7. 34	5. 42	2. 18	17
14	1. 50	5. 16	7. 21	7. 32	5. 37	2. 10	16
15	1. 57	5. 22	7. 24	7. 29½	5. 32	2. 02	15
16	2. 05	5. 27	7. 26	7. 27	5. 26	1. 54	14
17	2. 12	5. 32	7. 28	7. 25	5. 20	1. 46	13
18	2. 20	5. 37½	7. 30	7. 23	5. 14	1. 38	12
19	2. 27	5. 43	7. 32	7. 20	5. 08	1. 30	11
20	2. 35	5. 49	7. 33	7. 18	5. 02	1. 22	10
21	2. 42½	5. 54	7. 35	7. 15	4. 56	1. 14	9
22	2. 50	6. 00	7. 37	7. 12	4. 50	1. 06	8
23	2. 57	6. 05	7. 38	7. 09	4. 43	0. 57½	7
24	3. 05	6. 10	7. 39	7. 06	4. 37	0. 49	6
25	3. 12	6. 14	7. 40	7. 03	4. 31	0. 41	5
26	3. 19	6. 19	7. 41	7. 00	4. 24	0. 33	4
27	3. 26	6. 24	7. 41	6. 56	4. 18	0. 24	3
28	3. 33	6. 28	7. 41½	6. 52½	4. 11½	0. 16	2
29	3. 40	6. 32	7. 42	6. 49	4. 04	0. 08	1
30	3. 47	6. 36	7. 42	6. 44½	3. 56	0. 00	0
Anom. moyenn.	XI.	X.	IX.	VIII.	VII.	VI.	Anom. moyenne.
	Ajoutez en montant.						

TABLE de l'Équation du TEMPS.

Lieu du SOLEIL.	Otez en descendant.						Lieu du SOLEIL.
	0 ♈	VI ♎	I ♉	VII ♏	II ♊	VIII ♐	
Degrés.	M.	S.	M.	S.	M.	S.	Degrés.
0	0.	00	8.	24	8.	45	30
1	0.	20	8.	34	8.	35	29
2	0.	40	8.	44	8.	24	28
3	1.	00	8.	54	8.	13	27
4	1.	19	9.	02	8.	01	26
5	1.	39	9.	10	7.	48	25
6	1.	59	9.	17	7.	34	24
7	2.	18	9.	24	7.	20	23
8	2.	37	9.	30	7.	06	22
9	2.	57	9.	35	6.	50	21
10	3.	16	9.	40	6.	35	20
11	3.	34	9.	44	6.	18	19
12	3.	52	9.	48	6.	02	18
13	4.	10	9.	50	5.	44	17
14	4.	28	9.	52	5.	27	16
15	4.	46	9.	53	5.	08	15
16	5.	04	9.	53½	4.	50	14
17	5.	20	9.	53	4.	31	13
18	5.	37	9.	53	4.	11	12
19	5.	53	9.	51	3.	52	11
20	6.	09	9.	49	3.	32	10
21	6.	25	9.	46	3.	11	9
22	6.	40	9.	42	2.	51	8
23	6.	54	9.	38	2	30	7
24	7.	09	9.	31	2.	09	6
25	7.	23	9.	25	1.	48	5
26	7.	36	9.	19	1.	26	4
27	7.	48	9.	12	1.	05	3
28	8.	01	9.	04	0.	43	2
29	8.	13	8.	55	0.	22	1
30	8.	24	8.	45	0.	00	0
Lieu du SOLEIL.	XI ♓	♍ V	X ♒	♌ IV	IX ♑	♋ III	Lieu du SOLEIL.
	Ajoutez en montant.						

Table de l'inégale précession de l'Équinoxe.

Années.	NŒUD MOYEN DE LA LUNE.	Précession	Années.	NŒUD MOYEN DE LA LUNE.	Précession
	S. D. M. S.	Sec.		S. D. M. S.	Sec.
1701	4. 27. 59. 18	+ 4,4	1760	2. 26. 48. 16	18,0
1731	9. 17. 45. 32	17,0	1761	2. 07. 28. 33	16,6
1732	8. 28. 22. 38	18,0	1762	1. 18. 08. 50	13,4
1733	8. 09. 02. 55	16,8	1763	0. 28. 49. 07	8,7
1734	7. 19. 43. 11	13,7	1764	0. 09. 26. 12½	— 2,8
1735	7. 00. 23. 28	9,1	1765	11. 20. 06. 30	+ 3,1
1736	6. 11. 00. 34	+ 3,5	1766	11. 00. 46. 45	8,8
1737	5. 21. 40. 51	— 2,0	1767	10. 11. 27. 02½	13,5
1738	5. 02. 21. 08	8,4	1768	9. 22. 04. 09	16,6
1739	4. 13. 01. 25	13,2	1769	9. 02. 44. 26	18,0
1740	3. 23. 38. 31	16,5	1770	8. 13. 24. 43	17,2
1741	3. 04. 18. 48	18,0	1771	7. 24. 05. 00	14,6
1742	2. 14. 59. 06	17,3	1772	7. 04. 42. 06	10,1
1743	1. 25. 39. 23	14,8	1773	6. 15. 22. 23	+ 4,7
1744	1. 06. 16. 29	10,7	1774	5. 26. 02. 40	— 1,3
1745	0. 16. 56. 46	— 5,9	1775	5. 06. 42. 57	7,1
1746	11. 27. 37. 03	+ 1,1	1776	4. 17. 20. 04	12,2
1747	11. 08. 17. 20	6,7	1777	3. 28. 00. 21	15,9
1748	10. 18. 54. 26	12,0	1778	3. 08. 40. 38	17,8
1749	9. 29. 34. 43	15,8	1779	2. 19. 20. 54	17,7
1750	9. 10. 15. 00	17,7	1780	1. 29. 58. 00	15,6
1751	8. 20. 55. 17	17,8	1781	1. 10. 38. 16	11,7
1752	8. 01. 32. 23	15,8	1782	0. 21. 18. 33	6,7
1753	7. 12. 12. 40	12,0	1783	0. 01. 58. 50	— 0,2
1754	6. 22. 52. 56	7,0	1784	11. 12. 35. 56	+ 5,4
1755	6. 03. 33. 13	+ 1,2	1785	10. 23. 16. 13	10,8
1756	5. 14. 10. 19	— 5,0	1786	10. 03. 56. 30	15,0
1757	4. 24. 50. 36	10,4	1787	9. 14. 36. 47	17,3
1758	4. 05. 30. 53	14,7	1788	8. 25. 13. 54	18,0
1759	3. 16. 11. 10	17,2	1789	8. 05. 54. 11	16,4
1760	2. 26. 48. 16	18,0	1790	7. 16. 34. 28	13,0

TABLE du demi-diamètre du Soleil & du mouvement horaire.

ANOMALIE moyenne.	Demi-diamètre.	Mouvement horaire.	ANOMALIE moyenne.
S. D.	M. S.	M. S.	S. D.
O. 00	15.47	2.23	XII. 00
10	15.47,2	2.23	20
20	15.47,9	2.23,2	10
I. 00	15.49,0	2.23,6	XI. 00
10	15.50,6	2.24,1	20
20	15.52,5	2.24,7	10
II. 00	15.54,7	2.25,3	X. 00
10	15.57,2	2.26,0	20
20	15.59,8	2.26,8	10
III. 00	16.02,6	2.27,7	IX. 00
10	16.05,4	2.28,6	20
20	16.08,0	2.29,4	10
IV. 00	16.10,6	2.30,2	VIII. 00
10	16.13,0	2.31,0	20
20	16.15,1	2.31,7	10
V. 00	16.16,8	2.32,2	VII. 00
10	16.18,1	2.32,6	20
20	16.19,0	2.32,8	10
VI. 00	16.19,2	2.32,9	VI. 00

ÉQUATION pour l'obliquité de l'Écliptique, selon Bradley.

Ajoutez dans les six premiers signes.

Distance du ☊ de la ☾ à ♈.	O. / VI.	I. / VII.	II. / VIII	Distance du ☊ de la ☾ à ♈.
Degrés.	Sec.	Sec.	Sec.	Degrés.
0	9,0	7,8	4,5	30
5	9,0	7,4	3,8	25
10	8,9	6,9	3,1	20
15	8,7	6,4	2,3	15
20	8,5	5,8	1,6	10
25	8,2	5,2	0,8	5
30	7,8	4,5	0,0	0
☊ ☾—♈	V. / XI.	IV. / X.	III. / IX.	☊ ☾—♈

Otez dans les six derniers signes.

La plus grande obliquité apparente de dix-neuf en dix-neuf ans, lorsque le nœud reparoît en ♈.

Suite des Époques des moyens mouvemens de la Lune.

ANNÉES.	MOYEN MOUVEMENT.	APOGÉE.	☊ RÉTROGRADE.
	S. D. M. S.	S. D. M. S.	S. D. M. S.
1760 B.	2. 21. 38. 39	7. 07. 57. 20	2. 26. 48. 16
1761	7. 01. 01. 42½	8. 18. 37. 11	2. 07. 28. 33
1762	11. 10. 24. 46	9. 29. 17. 01	1. 18. 08. 50
1763	3. 19. 47. 50	11. 09. 56. 52	0. 28. 49. 07
1764 B.	8. 12. 21. 28	0. 20. 43. 23	0. 09. 26. 13
1765	0. 21. 44. 31	2. 01. 23. 13	11. 20. 06. 30
1766	5. 01. 07. 34	3. 12. 03. 04	11. 00. 46. 46
1767	9. 10. 30. 48	4. 22. 42. 55	10. 11. 27. 03
1768 B.	2. 03. 04. 17	6. 03. 29. 28	9. 22. 04. 09
1769	6. 12. 27. 21	7. 14. 09. 18	9. 02. 44. 26
1770	10. 21. 50. 24	8. 24. 49. 08	8. 13 24. 43
1771	3. 01. 13. 28	10. 05. 28. 58	7. 24. 05. 00
1772 B.	7. 23. 47. 06	11. 16. 15. 30	7. 04. 42. 06
1773	0. 03. 10. 10	0. 26. 55. 21	6. 15. 22. 22
1774	4. 12. 33. 13	2. 07. 35. 11	5. 26. 02. 40
1775	8. 21. 56. 17	3. 18. 15. 01	5. 06. 42. 57
1776 B.	1. 14. 29. 55	4. 29. 01. 33	4. 17. 20. 03
1777	5. 23. 52. 59	6. 09. 41. 24	3. 28. 00. 20
1778	10. 03. 16. 02	7. 20. 21. 14	3. 08. 40. 37
1779	2. 12. 39. 06	9. 01. 01. 05	2. 19. 20. 54
1780 B.	7. 05. 12. 44	10. 11. 47. 37	1. 29. 58. 00

Cette Table eſt la continuation des époques, *page 157 des Inſtitutions aſtronomiques.*

En consultant comme on l'a fait, *page 156 des Institutions*, les résultats du moyen mouvement de la Lune en mille ans, qu'ont données, il y a cent cinquante ans, Képler & Bouillaud, & les comparant à ceux que nos Modernes venoient d'établir par des observations plus récentes, la différence paroît sensible & indiqueroit l'accélération du mouvement de la Lune: car Képler donne 6^s 18^d $08'$ $30''$, au lieu que Flamstéed & Halley supposent 6^s 18^d $24'$ $10''$; ainsi la différence ou l'accélération seroit, suivant ceux-ci, de $1'$ $34''$ par siècle sur ce qu'avoit établi Képler: d'autres, à cause de la précession $50''\frac{1}{3}$, dont l'équinoxe rétrograde de 30 secondes de plus en cent ans, l'ont voulu doubler. Par la comparaison des observations faites il y a cent ans, en assez grand nombre, avec celles de notre troisième période, il sera aisé d'en établir la juste quantité. Dans la demi-période lunaire, publiée en 1749 à la suite des Tables de Halley, nous avions déjà remarqué plus d'erreurs négatives que de positives, & c'est ce qui avoit sans doute fait avancer d'une minute en 1726, l'époque des moyens mouvemens de la Lune, donnée par Newton dans la troisième édition de ses Principes mathématiques.

De la diſtance vraie de quelques Étoiles pour vérifier les Mégamètres.

Dans le Recueil d'expériences ſur les longitudes que M. de Charnières publia à ſon retour d'Amérique en 1768 ; on trouve la diſtance des Étoiles α & β du petit Chien $4^d\ 17'\ 16''$, dans la ſuppoſition que les aſcenſions droites & déclinaiſons de ces deux Étoiles ont été bien obſervées *, ce qui pourroit d'abord paroître douteux, comme on le va bientôt voir par ce qui ſera dit des étoiles d'Orion ; en effet, ſi on ſe donne la peine d'en comparer les obſervations récentes, à d'autres qui ont été publiées aux Éphémérides, on y trouvera une différence ſenſible : d'ailleurs la diſtance des deux Étoiles ci-deſſus, ne doit pas être conſtante, parce que les Étoiles de la première grandeur ne ſont pas fixes abſolument & qu'après cinquante

* Entre α & γ du petit Chien, différence en aſcenſion droite à la pendule règlée, à raiſon de 24 heures pour 360 degrés du Ciel étoilé, on a trouvé $0^d\ 11'\ 37''$, en déclinaiſon $3^d\ 34'\ 33''$; mais entre α & β $0^h\ 12'\ 35''\frac{1}{4}$ & en déclinaiſon $2^d\ 56'\ 18''$; donc diſtances abſolues $4^d\ 35'\ 22''$, $4^d\ 17'\ 13''\frac{1}{2}$.

ou cent ans on leur remarque un mouvement de quelques minutes.

Si donc l'Obſervateur a ébauché ſa Table des parties du mégamètre, à l'aide des diamètres du Soleil qu'on trouve ici *page 73*, il pourra ſe ſervir enſuite de quelques-unes des trois étoiles de la Ceinture d'Orion ou de la diſtance de Caſtor & Pollux.

I. Au commencement de Mars des années 1770 & 1771, on a trouvé entre les deux Étoiles les plus orientales ε & ζ d'Orion, en aſcenſion droite 1^d 09′ 15″, & en déclinaiſon 0^d 42′ 57″ ½; donc *leur vraie diſtance* a dû être 1^d 27′ 10″.

II. Entre la 1.re Étoile δ & la 3.e ζ d'Orion, la différence en aſcenſion droite étoit 2^d 13′ 20″, & en déclinaiſon 1^d 35′ 45″ ou 44″; on aura donc *leur vraie diſtance* 2^d 44′ 10″ ½.

Dans le volume de l'Académie des Sciences de 1769, on trouvera les autres détails ſur la diſtance de Caſtor & Pollux ou des têtes des Gémeaux, ſavoir entre α & β *la vraie diſtance* 4^d 31′ 34 ou 35″.

Il ne paroît pas que ces deux dernières étoiles aient eu de mouvement ſenſible depuis la fin du ſiècle précédent, puiſqu'à peine trouve-t-on cette diſtance plus grande de 10 à 15 ſecondes pour lors, & que les inſtrumens dont on ſe ſervoit alors, n'étoient pas auſſi finement diviſés que ceux qu'on y vient d'employer, ni d'un auſſi grand rayon.

Comme il eſt très-avéré depuis long-temps que les étoiles de la 1.re grandeur ne ſont pas abſolument fixes, mais qu'elles ont un mouvement réel & dans une direction que les théories phyſiques n'ont ſu déterminer juſqu'à ce jour ; il eſt donc néceſſaire de recourir à la voie d'obſervation.

C'eſt ce qui a été d'abord pratiqué dans le diſcours préliminaire de l'Hiſtoire Céleſte, où l'on a diſcuté pour la première fois les aſcenſions droites & déclinaiſons des Étoiles de la première grandeur, ce qui donna lieu à quelques Eſſais publiés *page 398 des Inſtitutions Aſtronomiques ;* mais il faut y rectifier la longitude d'*Antarès* qui eſt 60 ſecondes trop avancée, conformément à ce qui provient en effet du calcul de ſon aſcenſion droite & déclinaiſon qu'on a publié pour lors; d'ailleurs en cinquante ans la préceſſion de l'équinoxe étant admiſe de 15 ſecondes plus grande, les Étoiles qui n'ont aucun mouvement ſenſible, s'éloigneroient donc au lieu de 41′ 40″ en cinquante ans, de 41′ 55″ du premier point du Bélier ou de l'équinoxe, à quoi il faut avoir égard.

On voit par-là que de quatre Étoiles du zodiaque de la 1.re grandeur, il y en auroit déjà trois dont le mouvement en longitude ſeroit contre l'ordre des ſignes, ſavoir *Aldebaran*, *Antarès* & *Regulus*; cependant cette dernière ne paroît pas avoir un mouvement bien ſenſible, ainſi que je l'ai reconnu depuis, & cette recherche exige, à ce qu'il ſemble, un examen particulier ou critique ſévère des obſervations qui en ont été faites dans le ſiècle précédent & dans ces jours-ci; à l'égard d'*Aldebaran* ou α dans l'œil du Taureau, cette Étoile a été tant de fois comparée à celle des Hyades qui l'environnent, qu'il n'eſt nullement difficile de règler ſon mouvement apparent en longitude, de même que ſes latitudes, puiſqu'elles ne ſont pas conſtantes; cette dernière voie qui n'avoit pas été tentée juſqu'ici, paroît préférable à ce que l'on auroit pu déduire des paſſages par le méridien, étant très-certain d'ailleurs, que les mouvemens en ſont réguliers & uniformes.

J'ai déjà fait voir dans le Volume de l'Académie des Sciences de l'année 1769, qu'*Arcturus* ſe mouvoit plus lentement que ſelon les loix de la préceſſion moyenne des équinoxes : cette Étoile a un mouvement de longitude contre l'ordre des ſignes, d'une minute en cent ans, ce qui eſt bien inférieur à ſon mouvement réel en latitude, qui s'accroît juſqu'à 4 minutes en un pareil intervalle de temps.

Les deux étoiles α du Cygne & α d'Orion, paroiſſent auſſi avoir un mouvement réel rétrograde ou contre l'ordre des ſignes, mais elles ſont rarement employées aux recherches des longitudes à la Mer : il étoit néanmoins néceſſaire d'en avertir pour les cas où il s'agiroit de meſurer leur diſtance au bord de

la

la Lune avec l'octant, au contraire α de l'Aigle auroit accéléré son mouvement en longitude d'environ un quart de minute en cinquante ans, c'est-à-dire au-delà de ce qu'elle paroîtroit d'ailleurs s'avancer suivant l'ordre des signes, à cause de la moyenne précession de l'équinoxe; enfin, comme son mouvement en latitude est peu sensible, cette Étoile n'a pas, à beaucoup près, un aussi grand mouvement réel que celui qu'il faut attribuer à *Arcturus.*

L'Étoile du grand Chien ou *Sirius*, a un mouvement en latitude assez sensible & qui est environ le tiers de celui d'*Arcturus*, sans que la direction de son mouvement réel soit pour cela dans le sens de la latitude: *Sirius* se meut encore tant soit peu contre l'ordre des signes, en sorte qu'il a été nécessaire de règler la quantité de ces mouvemens, à l'aide des plus récentes observations.

Présentement, nous ferons usage de ces variations dans les deux Tables générales; celle qui concerne l'ascension droite & la déclinaison des Étoiles, renferme leur variation apparente, de manière que le Navigateur

trouvera réuni dans une même colonne ce qui appartient annuellement à la préceſſion moyenne de l'équinoxe & au mouvement réel de l'Étoile, tant en aſcenſion droite qu'en déclinaiſon : par-là il découvrira avec plus de certitude, à la Mer, l'heure où la latitude obſervée au paſſage de ces Étoiles par le méridien dans les crépuſcules, qu'en ſe ſervant des Tables vulgaires; l'autre Table renferme auſſi pareillement les variations compoſées en longitude de ces Étoiles, & par une règle de trois, il ſera facile de rectifier la latitude des mêmes Étoiles; cette opération doit précéder le calcul de leur diſtance au bord de la Lune, obſervée à la Mer, ſoit avec le mégamètre, ſoit avec l'octant.

Il eſt à remarquer que la réfraction n'accourcit pas ſenſiblement la diſtance de deux aſtres lorſqu'ils ſont à la même hauteur, & qu'ainſi l'on peut abſolument en négliger les effets, dans ce cas-là uniquement où il s'agit d'en déduire la longitude vraie ou apparente de la Lune; ou bien lorſqu'il s'agira de

vérifier au contraire la Table du mégamètre, soit au commencement du printemps par les Têtes des Gémeaux ou par les Étoiles d'Orion, &c. après le coucher du Soleil, dans notre zone tempérée, soit avant le lever du Soleil sur la fin de l'automne; dans tout autre cas il faudra avoir égard à la différence des réfractions.

Le Navigateur, selon le climat où il se trouve, pourra faire usage de la Table de Newton ou de la nôtre, insérées *page 418 des Institutions astronomiques; & ci-après page 105;* nous ne rapporterons que ce qui convient à notre climat lorsque l'air est tempéré & qui admet 50 secondes de réfraction pour la latitude ou hauteur du pôle de Paris, car elle n'excède pas cette valeur.

Un calcul ébauché, donne à la vérité $2''\frac{1}{2}$ en excès dans nos jours sereins d'hiver; mais il y en a autant en défaut ou à soustraire dans nos plus belles saisons d'été: quant à la variation du baromètre, elle influe bien moins encore sur les effets de la réfraction, & par cette raison peut être négligée

à la mer, ſi ce n'eſt pour les plus baſſes hauteurs du Soleil; en effet à 5 degrés de hauteur, 20 degrés du chaud au froid donnent au moins une minute de variation & environ les deux tiers ou 40 ſecondes de changement de réfraction pour un pouce de chute au baromètre.

Nous voici bientôt arrivés à la ſaiſon favorable des appulſes des Étoiles des Hyades à la Lune : comme les nœuds de la Lune rétrogradent & achèvent leur révolution en dix-neuf ans, & que ces Étoiles qui environnent l'œil du Taureau, ſe trouvent preſque au limite auſtral de la latitude de la Lune, il faudra conſulter pendant deux à trois ans le Zodiaque gravé par d'Heulland : avec les lunettes achromatiques, je ne doute pas qu'à la Mer l'on ne puiſſe obſerver quelque immerſion ou émerſion de ces Étoiles ſous le Croiſſant de la Lune, peu de temps après ou avant la nouvelle Lune; c'eſt auſſi dans ce cas-là que les octans ne donnent pas aſſez de préciſion, à cauſe que le Croiſſant eſt trop délié pour le comparer en plein jour au

Soleil; on trouvera dans un Ouvrage que j'ai fait imprimer au Louvre, au temps de la période précédente & qui est joint à ce Zodiaque, quelques instructions relatives à ces occultations d'Étoiles; au reste, les positions des Hyades & Pléïades ont été suffisamment rectifiées, & si on en desire plus de détail, on peut voir le 3.e Cahier des Observations de la Lune, ou ce que j'en ai communiqué à celui qui a construit la Carte insérée au Zodiaque, gravé par d'Heulland & qui se trouve actuellement au Dépôt de la Marine.

En général, les Étoiles situées proche le limite austral ou boréal, sont plus assujetties à être éclipsées à différens mois lunaires consécutifs, au retour de chaque période ou révolution des nœuds; les Hyades comprennent d'ailleurs plus d'étendue au Zodiaque que n'en renferment les Pléïades, aussi leurs appulses au disque lunaire deviennent-elles par cette raison plus fréquentes: j'insiste aussi sur l'usage des lunettes achromatiques, parce qu'on peut les tenir à la main sur le vaisseau, & que leur champ très-vaste, joint à la clarté des Étoiles dont elles ramaſſent plus de rayons que ne font les lunettes aſtronomiques ordinaires, ſemblent en aſſurer déſormais le ſuccès, pour peu que les Navigateurs s'attachent aux appulſes ou occultations des Étoiles zodiacales par la Lune.

Rien n'approche de la préciſion qu'on peut obtenir à la Mer à l'aide des occultations des Étoiles ſous le diſque de la Lune, & c'eſt ce qui a été tant recommandé aux Navigateurs depuis plus de cinquante ans.

Il eſt vrai que pour en faire uſage ils doivent être munis d'une Carte du zodiaque, & que ce n'a été qu'en ces dernières années que l'on a acquis pour la Marine du Roi, les Planches que le Graveur, dont j'ai parlé, en avoit faites ſous mes yeux avec le plus grand ſoin; il n'y a donc nulle difficulté de cette part qui puiſſe retarder le zèle de nos jeunes Navigateurs, lorſqu'ils s'embarquent dans les Ports du Roi.

Divers avantages ſont réunis en faveur de ces occultations d'Étoiles qu'on peut voir dans le Croiſſant ou dans le décours de la

Lune. La lumière de cet astre est trop foible pour les effacer ; les lunettes achromatiques viennent par leur vaste champ & par l'abondance de leur lumière, à leur secours ; les observations des périodes lunaires qui précèdent, sont assez multipliées ; enfin il est plus aisé de prendre pour lors les hauteurs de la Lune qu'en pleine nuit ou nuit close, parce qu'on les a pu réitérer lorsqu'on a vu l'horizon après le coucher du Soleil, ou bien dans le décours, une heure ou environ avant son lever.

Quant aux quatre Étoiles de la 1.re grandeur, Aldebaran, *Regulus*, l'Épi & *Antarès*, si le Navigateur consulte la Carte zodiacale au défaut des Éphémérides, il sera toujours à portée d'en prévoir les Éclipses.

Les Planètes qui se trouvent fort près du Soleil, pourroient être encore comparées avec avantage aux croissans de la Lune, parce qu'on les aperçoit avant les Étoiles fixes dans le crépuscule du soir, & qu'au contraire on peut prolonger assez ces observations dans les crépuscules du matin, pour meſurer leur hauteur ſur l'horizon; cela regarde moins leur occultation que leur diſtance, & ſur-tout celles qui ſeroient meſurées avec le mégamètre; mais cela ſuppoſe les Éphémérides bien calculées, & c'eſt à la prudence du Navigateur ou plutôt aux avis qu'il en recevra avant ſon départ, à décider s'il doit tenter cette voie que la Nature nous offre ſi naturellement à la Mer.

Cette digreſſion a paru néceſſaire, puiſqu'on ne ſauroit trop recommander aux Navigateurs, fondé ſur toutes les raiſons que l'on vient de déduire ſuccintement, les obſervations pour la recherche des Longitudes qu'il faudroit ne pas négliger aux environs de la nouvelle Lune.

En 1759, j'ai publié l'aſcenſion droite de pluſieurs Étoiles zodiacales au nombre de 380, auxquelles j'avois comparé la Lune à ſon paſſage par le méridien. Comme il a été facile d'en conclure les déclinaiſons par les Obſervations mêmes qui furent publiées en même-temps, on ne donnera ici que les principales ou celles de la 2.e & 3.e grandeur, réduites à 1770.

ASCENSION droite & déclinaison des Étoiles zodiacales.

NOMS des ÉTOILES.	ASCENSION droite en 1770.	Mouvement annuel.	DÉCLINAISON au 1.er Janvier 1770.	Mouvement annuel.
	D. M. S.	Sec.	D. M. S.	Sec.
γ du Bélier....	25.14.10	48,9	18.09.50 B.	+18,2
β..........	25.29.40	49,2	19.40.45 B.	18,1
δ..........	44.29.22½	50,9	18.50.04 B.	14,3
η des Pléïades..	53.27.30	53,1	23.22.40 B.	12,0
ε du Taureau.	63.48.05	52,0	18.39.10 B.	8,9
β..........	77.56.35	56,7	28.23.32½ B.	4,3
ζ..........	80.58.35	53,8	20.58.57½ B.	+13,2
α des Gémeaux	109.58.17½	58,2	32.22.20 B.	— 6,8
β..........	112.48.20	56,3	28.33.50 B.	7,7
δ de l'Écreviſſe.	127.53.20	51,7	18.59.20 B.	12,3
2.e α.......	131.28.00	51,0	12.44.20 B.	13,3
ε du Lion....	143.11.10	51,8	24.49.20 B.	16,0
β..........	174.19.35	46,8	15.51.20 B.	19,9
β de la Vierge.	174.40.00	46,2	3.03.45 B.	19,6
μ..........	217.44.35	47,2	4.37.00 A.	+12,2
α de la Balance.	219.33.07½	49,6	15.04.20 A.	15,5
β..........	226.10.00	48,3	8.31.10 A.	14,0
β du Scorpion.	238.01.20	52,1	19.09.07½ A.	10,7
ε..........	248.50.10	58,5	33.50.50 A.	07,4
σ du Sagittaire.	280.15.00	56,1	26.33.40 A.	— 3,5
υ..........	282.43.22½	54,1	22.03.30 A.	4,4
α du Capricorne	301.14.00	51,9	13.14.35 A.	10,3
β..........	302.01.12½	50,9	15.29.30 A.	10,5
δ..........	323.34.27½	49,8	17.09.32 A.	16,1
β du Verſeau.	319.51.40	47,7	6.34.15 A.	15,3
α 2.e.......	328.29.20	46,5	1.25.40 A.	17,1
δ..........	340.36.15	48,3	17.02.17½ A.	—18,9

TABLE *générale du mouvement*

NOMS des ÉTOILES.	ASCENSION droite. 1750.			ASCENSION droite. 1770.			DIFFÉR. ou mouvement annuel.
	D.	M.	S.	D.	M.	S.	Secondes.
La Polaire.....	10.	42.	00	11.	34.	40	158,0
α du Bélier....	28.	17.	10	28.	33.	50	50,0
Aldebaran.....	65.	23.	55	65.	41.	15	52,0
α de la Chèvre.	74.	33.	50	74.	55.	50	66,0
Rigel........	75.	37.	55	75.	52.	19	43,2
α d'Orion....	85.	24.	50	85.	41.	30	49,8
Sirius.......	98.	32.	00	98.	45.	16	39,8
Procyon.....	111.	32.	55	111.	48.	50	47,8
α de l'Hydre..	138.	49.	40	139.	04.	20	44.4
Regulus......	148.	45.	15	149.	01.	30	48,6
α de la Vierge.	198.	00.	50	198.	16.	35	47,2
Arcturus.....	211.	04.	00	211.	18.	06	42,3
Antarès......	243.	31.	50	243.	50.	18	55,2
α de la Lyre...	277.	07.	12½	277.	17.	25	30,2
α de l'Aigle...	294.	38.	50	294.	53.	20	43,8
α du Cygne..	308.	13.	50	308.	24.	10	31,0
Fomalhaut....	340.	56.	30	341.	13.	02	50,1
α de Pégase....	343.	04.	30	343.	19.	24	44,7
α d'Andromède.	358.	52.	40	359.	08.	00	46,0

des Étoiles de la première grandeur.

NOMS des ÉTOILES.	DÉCLINAISON pour 1750.	DÉCLINAISON pour 1770.	MOUV. annuel.
	D. M. S.	*D. M. S.*	*Sec.*
La Polaire......	87. 58. 00 B.	88. 04. 35	19,8
α du Bélier.....	22. 16. 30 B.	22. 22. 14	17,2
Aldebaran......	15. 59. 00 B.	16. 01. 50	08,2
α de la Chèvre...	45. 42. 50 B.	45. 44. 55	04,8
Rigel..........	8. 30. 25 A.	8. 28. 50	04,8
α d'Orion......	7. 20. 35 B.	7. 20. 57	01,1
Sirius.........	16. 23. 30 A.	16. 24. 47½	03,9
Procyon.......	5. 51. 05 B.	5. 47. 50	09,8
α de l'Hydre....	7. 35. 10 A.	7. 40. 10	16,5
Regulus........	13. 11. 05 B.	13. 05. 45	16,3
l'Épi de la Vierge.	09. 50. 25 A.	9. 57. 10	19,0
Arcturus.......	20. 30. 05 B.	20. 23. 20	20,0
Antarès.......	25. 50. 59 A.	25. 53. 40	08,1
α de la Lyre....	38. 34. 19 B.	38. 35. 20	3,0
α de l'Aigle.....	8. 13. 50 B.	8. 16. 40	8,5
α du Cygne....	44. 23. 58 B.	44. 28. 12	12,7
Fomalhaut......	30. 56. 35 A.	30. 50. 00	17,4
Markab.......	13. 51. 57 B.	13. 58. 30	18,2
α d'Andromède.	27. 42. 35 B.	27. 49. 10	20,0

TABLE *générale du mouvement*

NOMS des ÉTOILES.	LONGITUDE en 1750.	LONGITUDE en 1770.
	D. M. S.	D. M. S.
α d'Andromède..	♈ 10. 49. 50	♈ 11. 06. 25
α du Bélier.....	♉ 4. 10. 15	♉ 4. 27. 00
Aldebaran......	♊ 6. 17. 30	♊ 6. 34. 36½
Rigel..........	13. 20. 10	13. 46. 55
α de la Chèvre..	18. 21. 50	18. 38. 35
La Polaire......	25. 03. 58	25. 20. 46
α d'Orion.......	25. 16. 05	25. 33. 10
Sirius.........	♋ 10. 38. 15	♋ 10. 54. 55
Procyon........	22. 20. 10	22. 36. 55
α de l'Hydre.....	♌ 23. 48. 20	♌ 24. 05. 05
Regulus.........	26. 20. 57½	26. 37. 47½
α de la Vierge...	♎ 20. 21. 10	♎ 20. 37. 55
Arcturus........	20. 44. 40	21. 01. 15
Antarès........	♐ 6. 16. 25	♐ 6. 33. 12½
α de la Lyre....	♑ 11. 48. 55	♑ 12. 05. 57½
α de l'Aigle.....	28. 14. 55	28. 31. 52½
Fomalhaut......	♓ 0. 20. 15	♓ 0. 36. 55
α du Cygne.....	1. 53. 45	2. 10. 40
α de Pégase.....	20. 00. 00	20. 16. 40

des Étoiles de la première grandeur.

NOMS des ÉTOILES.	LATITUDE en 1750.	LATITUDE en 1770.
	D. M. S.	D. M. S.
α d'Andromède. .	27. 40. 50 B.	27. 41. 00
α du Bélier.	9. 57. 30 B.	9. 57. 45
Aldebaran.	5. 29. 15 A.	5. 28. 58
Rigel.	31. 09. 10 A.	31. 09. 05
α de la Chèvre. . .	22. 51. 50 B.	22. 51. 40
La Polaire.	66. 04. 17 B.	66. 04. 17
α d'Orion.	16. 03. 12½ A.	16. 03. 22½
Sirius.	39. 32. 50 A.	39. 33. 15
Procyon.	15. 58. 00 A.	15. 58. 35
α de l'Hydre. . . .	22. 23. 55 A.	22. 23. 50
Regulus.	0. 27. 35 B.	0. 28. 02½
α de la Vierge. . .	2. 01. 57½ A.	2. 02. 02½
Arcturus.	30. 54. 43 B.	30. 53. 55
Antarès.	4. 32. 07½ A.	4. 31. 50
α de la Lyre.	61. 45. 10 B.	61. 45. 20
α de l'Aigle.	29. 18. 45 B.	29. 18. 55
Fomalhaut.	21. 06. 10 A.	21. 06. 20
α du Cygne.	59. 55. 07 B.	59. 55. 07
α de Pégase.	19. 24. 50 B.	19. 24. 59

De la Longitude de la Lune.

Il eût été à desirer que les détails des observations de la longitude de la Lune & des Étoiles auxquelles on l'a comparée, aient pu précéder cette Astronomie Nautique Lunaire, mais il n'y a encore d'imprimé *in-folio* que jusqu'à la 231 ou 8.e lunaison: on verroit par-là les causes des négligences involontaires qui altèrent la loi de progression de la dernière colonne; souvent un trop grand intervalle de temps écoulé à la pendule, ou la difficulté de constater les nuits la direction de la lunette des passages, relativement à la mire au défaut des Étoiles, a pu entraîner des erreurs, au moins d'une demi-minute; quelquefois on n'a pu voir le passage au fil central, & il a fallu l'y réduire par quelques Tables subsidiaires qui ne sont jamais assez complètes; le cas le plus douteux est celui où l'on n'a pu voir, à cause des nuages, que la sortie du bord de la Lune du champ du télescope ou lunette des passages; il n'est pas toujours de notre choix de comparer, hors du méridien, la Lune à quelqu'Étoile, comme au 10 Juin, par exemple, lorſque le Ciel s'étant découvert, on a comparé au micromètre, la Lune à l'Épi de la Vierge; ainſi la loi de progreſſion pour l'erreur des Tables, eſt quelquefois violée par l'effet des circonſtances qui ont nui à l'obſervation, & il n'y a de remède qu'en conſultant les périodes antérieures, puiſque les Tables lunaires qui ſervent aux Éphémérides, ne nous éclairent ni ſur les moyens d'y réuſſir, ni ſur l'accord général de la théorie newtonienne avec les obſervations.

Jours du mois.		TEMPS VRAI.	☾ — ☉	ARG. ANN.
ANNÉE.		H. M. S.	S. D. M.	S. D. M.
1753	8 Mai.	4. 54. 51	2. 10. 14	3. 10. 31
	9	5. 49. 55	2. 24. 13½	3. 11. 24½
	10 au soir.	6. 42. 51½	3. 08. 07½	3. 12. 17½
	12	8. 24. 29	4. 05. 26	3. 14. 04
	14	10. 04. 46	5. 01. 40	3. 15. 50
	16 centre.	11. 47. 46	5. 26. 43	3. 17. 37
93.e lunaison.	20	2. 21. 55½	7. 01. 49	3. 20. 50
	24 au matin.	5. 26. 02½	8. 18. 03+	3. 23. 47
	26	6. 51. 42	9. 11. 10½	3. 25. 32
	28	8. 20. 12½	10. 05. 07—	3. 27. 17½
	29	9. 07. 35	10. 17. 31	3. 28. 10

JOURS du mois.		LONGITUDE OBSERVÉE.	LONGITUDE CALCULÉE.	ERREUR.
ANNÉE.		D. M. S.	D. M. S.	M. S.
1753	8 Mai.	♋ 28. 37. 51	♋ 28. 38. 17½	+ 0. 26½
	9	♌ 13. 27. 46½	♌ 13. 26. 43	— 1. 03½
	10	28. 11. 18½	28. 07. 46	— 3. 32½
	12	♍ 27. 09. 45	♍ 27. 06. 36	— 3. 09
	14	♎ 25. 23. 45	♎ 25. 21. 17½	— 2. 27
	16	♏ 22. 44. 27½	♏ 22. 43. 31	— 0. 56½
	20	♑ 1. 56. 43	♑ 1. 56. 49	+ 0. 06
	24	♒ 21. 30. 09	♒ 21. 29. 39	— 0. 30
	26	♓ 16. 11. 13½	♓ 16. 11. 34	+ 0. 20
	28	♉ 11. 44. 09	♉ 11. 44. 48	+ 0. 39
	29	25. 02. 32½	25. 03. 34	+ 1. 01½

Jours du mois.	TEMPS VRAI.	☾ — ☉	ARG. ANN.
ANNÉE.	H. M. S.	S. D. M.	S. D. M.
1753 7 Juin.	5. 29. 18½	2. 21. 13−	4. 06. 07
10 Au soir.	7. 58. 28	4. 01. 45	4. 08. 46
	8. 27. 10	4. 17. 00	4. 08. 48
11	8. 47. 24	4. 14. 16−	4. 09. 38
12	9. 37. 54½	4. 26. 41	4. 10 30½
13	10. 28. 23	5. 08. 46+	4. 11. 23
94.e lunaison. 16 centre.	0. 10. 09	6. 02. 14½	4. 13. 09
19 Au matin.	2. 33. 16	7. 06. 09−	4. 15. 46+
22	4. 42. 32	8. 09. 59½	4. 18. 22½
25	6. 53. 20½	9. 15. 33	4. 21. 00⅔
28	9. 27. 05½	10. 24. 16	4. 23. 37−

JOURS du mois.	LONGITUDE OBSERVÉE.	LONGITUDE CALCULÉE.	ERREUR.
ANNÉE.	D. M. S.	D. M. S.	M. S.
1753 7 Juin.	♍ 8. 23. 13½	♍ 8. 22. 22½	− 0. 51
10	♎ 20. 58. 10	♎ 20. 56. 10	− 2. 00
	21. 13. 30	21. 12. 11	− 1. 19
11	♏ 4. 37. 06	♏ 4. 34. 54	− 2. 12
12	18. 01. 42	18. 00. 26½	− 1. 15½
13	♐ 1. 11. 10	♐ 1. 11. 09	− 0. 01
16	♐ 27. 04. 27	♐ 27. 03. 31½	− 0. 55−
19	♒ 4. 34. 09	♒ 4. 32. 36	− 1. 33
22	♓ 11. 17. 09	♓ 11. 17. 28½	+ 0. 19½
25	♈ 19. 05. 30	♈ 19. 05. 45½	+ 0. 15
28	♉ 0. 23. 20	♉ 0. 23. 52	+ 0. 32

Jours du mois.	TEMPS VRAI.	☾ — ☉	ARG. ANN.
ANNÉE.	H. M. S.	S. D. M.	S. D. M.
1753 5 Juillet	4. 09. 54	2. 03. 52	4. 29. 49⅓
95.e Lunaison. 6	5. 00. 56	2. 17. 42	5. 00. 41½
7	5. 50. 54	3. 01. 12½	5. 01. 34
Au soir. 8	6. 40. 21	3. 14. 15 +	5. 02. 26½
9	7. 30. 08½	3. 26. 57	5. 03. 19 +
10	8. 20. 08½	4. 09. 16	5. 04. 12
11	9. 10. 14	4. 21. 14½	5. 05. 04½
13	10. 49. 05½	5. 14. 20 —	5. 06. 50 —
14 centre.	11. 38. 01	5. 25. 34 +	5. 07. 42
Au matin. 18	1. 53. 39	6. 28. 45½	5. 10. 20 —
23	5. 30. 18	8. 26. 17	5. 14. 42
24	6. 18. 38	9. 08. 56	5. 15. 35 —
25	7. 10. 20½	9. 21. 51½	5. 16. 27½
27	5. 11. 43	10. 16. 52	5. 18. 05

JOURS du mois.	LONGITUDE OBSERVÉE.	LONGITUDE CALCULÉE.	ERREUR.
ANNÉE.	D. M. S.	D. M. S.	M. S.
1753 5 Juillet	♍ 17. 56. 19	♍ 17. 57. 01	+ 0. 42
6	♎ 2. 32. 56	♎ 2. 33. 06	+ 0. 10
7	16. 42. 30½	16. 43. 35	+ 1. 04½
8	♏ 0. 31. 30½	♏ 0. 30. 40	— 0. 50½
9	14. 00. 37½	13. 57. 57	— 2. 40½
10	27. 08. 50	27. 08. 38	— 0. 12½
11	♐ 10. 04. 59	♐ 10. 05. 49	+ 0. 50
13	♑ 5. 27. 47½	♑ 5. 27. 27½	— 0. 20
14	17. 55. 51	17. 56. 16½	+ 0. 25½
18	♒ 24. 48. 10	♒ 24. 47. 43	— 0. 27
23	♉ 26. 58. 51	♉ 26. 58. 08	— 0. 43
24	♉ 10. 09. 16	♉ 10. 08. 39	— 0. 37
25	23. 49. 08	23. 47. 28	— 1. 40
27	♊ 20. 27. 14	♊ 20. 24. 07	— 3. 07

Jours du mois.		TEMPS VRAI.	☾ — ☉	ARG. ANN.
ANNÉE		H. M. S.	S. D. M.	S. D. M.
1753	4 Août. soir.	4.34.42 $\frac{1}{2}$	2.13.10	5.25.18
	5	5.26.06	2.26.19	5.26.11
96.e Lunaison.	12 centre.	11.08.15	5.18.34	6.02.23
	20 Au matin.	4.17.02	8.07.54	6.08.31
	22	5.58.55 $\frac{1}{2}$	9.03.09 $\frac{1}{2}$	6.10.17 $\frac{2}{3}$
	23	6.54.17	9.16.28	6.11.11 $\frac{1}{2}$
	26	9.50.42	10.28.39	6.13.52

JOURS du mois.	LONGITUDE OBSERVÉE.	LONGITUDE CALCULÉE.	ERREUR.
ANNÉE.	D. M. S.	D. M. S.	M. S.
1753 4 Août.	♎ 25.42.38 $\frac{1}{2}$	♎ 25.42.39	+ 0.00 $\frac{1}{2}$
5	♏ 9.33.44 $\frac{1}{2}$	♏ 9.33.31 $\frac{1}{2}$	— 0.13
12	♒ 8.38.10::	♒ 8.37.00	— 1.10
20	♉ 5.29.33	♉ 5.30.20	+ 0.47
22	♊ 2.15.19	♊ 2.13.13 $\frac{1}{2}$	— 2.05 $\frac{1}{2}$
23	16.18.45 $\frac{1}{2}$	16.16.18	— 2.27 $\frac{1}{2}$
26	♌ 1.26.40	♌ 1.21.22 $\frac{1}{2}$	— 5.17 $\frac{1}{2}$

Jours du mois.			TEMPS VRAI.	☾ — ☉	ARG. ANN.
ANNÉE.			H. M. S.	S. D. M.	S. D. M.
1753	4 Sept.	Au soir.	5.59.00 $\frac{1}{3}$	3.02.27	6.21.54
97.e Lunaison.	6		7.38.26	3.26.11 $\frac{2}{3}$	6.23.41
	8		9.12.05	4.18.52 $\frac{1}{2}$	6.25.28
	13 centre.		0.07.53	6.03.11	6.29.02
	17	Au matin.	3.12.12 $\frac{1}{3}$	7.19.41 $\frac{1}{2}$	7.02.36 $\frac{1}{2}$
	18		4.03.12 $\frac{1}{2}$	8.02.04	7.03.30
	20		5.51.49 $\frac{1}{2}$	8.28.09	7.05.18 $\frac{1}{2}$
	21		6.47.33	9.11.44	7.06.13

JOURS du mois.	LONGITUDE OBSERVÉE.	LONGITUDE CALCULÉE.	ERREUR.
ANNÉE.	D. M. S.	D. M. S.	M. S.
1753 4 Sept.	♐ 14.29.25+	♐ 14.28.21—	— 1.04 $\frac{1}{2}$
6	♑ 9.51.25	♑ 9.51.44	+ 0.19
8	♒ 4.31.38.	♒ 4.33.10 $\frac{1}{2}$	+ 1.32 $\frac{1}{2}$
13	♓ 23.36.52 $\frac{1}{2}$	♓ 23.39.06 $\frac{1}{2}$	+ 2.14
17	♉ 14.30.57	♉ 14.31.22	+ 0.25
18	27.51.08 $\frac{1}{2}$	27.49.25 $\frac{1}{2}$	— 1.43
20	♊ 25.29.44	♊ 25.29.05	— 0.39
21	♋ 9.53.59 $\frac{1}{2}$	♋ 9.51.26	— 2.33 $\frac{1}{2}$

Jours du mois.		TEMPS VRAI.	☾ — ☉	ARG. ANN.
ANNÉE.		H. M. S.	S. D. M.	S. D. M.
1753	29 Sept.	2.11.28	1.04.09$\frac{2}{3}$	7.13.27
	2 Oct.	4.50.51	2.12.26	7.16.10
	4 Au soir.	6.30.01	3.06.16	7.17.59
	5	7.16.52$\frac{1}{2}$	3.17.48	7.18.53
	6	8.02.04	3.29.09	7.19.47$\frac{1}{2}$
98.e	7	8.46.00	4.10.24	7.20.41$\frac{1}{2}$
	8	9.29.06	4.21.35$\frac{1}{2}$	7.21 36
	11 centre.	11.41.33	5.25.34$\frac{1}{2}$	7.24.19
Lunaison.	14 Au matin.	1.17.20$\frac{1}{2}$	6.19.09	7.26.08
	17	3.55.37	7.26.50	7.28.52$\frac{1}{2}$
	18	4.51.17	8.10.04$\frac{1}{2}$	7.29.47
	19	5.47.15$\frac{1}{2}$	8.23.37$\frac{1}{2}$	8.00.42$\frac{1}{2}$
	20	6.42.40	9.07.25	8.01.37
	21	7.37.18	9.21.23	8.02.32$\frac{1}{2}$

JOURS du mois.	LONGITUDE OBSERVÉE.	LONGITUDE CALCULÉE.	ERREUR.
ANNÉE.	D. M. S.	D. M. S.	M. S.
1753.29 Sept	♏ 11.08.38	♏ 11.06.30	— 2.08
2 Oct.	♐ 22.14.00	♐ 22.10.18	— 3.42
4	♑ 17.40.23	♑ 17.38.49$\frac{1}{2}$	— 1.33$\frac{1}{2}$
5	♒ 0.03.28	♒ 0.03.27$\frac{1}{2}$	— 0.00$\frac{1}{2}$
6	12.19.02$\frac{1}{2}$	12.19.58$\frac{1}{2}$	+ 0.56
7	24.32.14$\frac{1}{2}$	24.33.56	+ 1.41$\frac{1}{2}$
8	♓ 6.47.12$\frac{1}{2}$	♓ 6.49.01$\frac{1}{2}$	+ 1.49
11	♈ 14.18.25	♈ 18.19.25	+ 1.00
14	♉ 10.19.41	♉ 10.19.49	+ 0.08
17	♊ 21.14.02$\frac{1}{2}$	♊ 21.14.26	+ 0.23$\frac{1}{2}$
18	♋ 5.23.04	♋ 5.23.03	— 0.01
19	19.45.49	19.45.56$\frac{1}{2}$	+ 0.07$\frac{1}{2}$
20	♌ 4.23.40	♌ 4.21.32	— 2.08
21	19.12.49	19.09.16	— 3.33

Jours du mois.	TEMPS VRAI	☾ — ☉	ARG. ANN.
ANNÉE.	H. M. S.	S. D. M.	S. D. M.
1753. 30 Oct.	3. 36. 16	1. 21. 35	8. 10. 48½
99.e Lunaison. 1 Nov.	5. 14. 37	2. 15. 18⅔	8. 12. 38½
4 Au soir.	7. 27. 57	3. 19. 40	8. 15. 23½
6	8. 53. 22	4. 12. 26	8. 17. 14
7	9. 37. 04	4. 24. 03	8. 18. 09
17 Au matin.	5. 32. 59	8. 19. 15	8. 26. 29
19	7. 17. 25½	9. 17. 01	8. 28. 20
20	8. 08. 26	10. 00. 47	8. 29. 15½
21	8. 59. 33	10. 14. 25	9. 00. 11½

JOURS du mois.	LONGITUDE OBSERVÉE.	LONGITUDE CALCULÉE.	ERREUR.
ANNÉE.	D. M. S.	D. M. S.	M. S.
1753. 30 Oct.	♐ 29. 24. 13	♐ 29. 22. 57	— 1. 16
1 Nov.	♑ 24. 59. 32	♑ 24. 58. 44	— 0. 48
4	♓ 1. 52. 54½	♓ 1. 53. 31	+ 0. 36½
6	26. 30. 35	26. 31. 42	+ 1. 07
7	♉ 9. 10. 58	♉ 9. 11. 35	+ 0. 37
17	♌ 14. 41. 44½	♌ 14. 40. 52	— 0. 52½
19	♍ 14. 03. 10	♍ 14. 00. 04	— 3. 06
20	28. 38. 20	28. 35. 03	— 3. 17
21	♎ 13. 11. 30	♎ 13. 08. 20	— 3. 10

Jours du mois.		TEMPS VRAI.	☾ — ☉	ARG. ANN.
ANNÉE.		H. M. S.	S. D. M.	S. D. M.
1753, 4 Déc.		7.23.09½	3.21.04	9.12.15
7	Au soir.	9.40.50½	4.26.55½	9.15.03
8		10.32.39	5.09.27½	9.15.59½
16	100.e Lunaison.	5.04.46	8.14.39	9.22.32
17	Au matin.	5.55.37	8.28.32½	9.23.27
18		6.45.39½	9.12.13	9.24.24

JOURS du mois.	LONGITUDE OBSERVÉE.	LONGITUDE CALCULÉE.	ERREUR.
ANNÉE.	D. M. S.	D. M. S.	M. S.
1753, 4 Déc.	♈ 3.32.10	♈ 3.34.36	+ 2.26
7	♉ 12.20.04	♉ 12.19.15	— 0.49
8	26.03.47	26.02.40	— 1.07
16	♍ 9.40.48	♍ 9.38.38	— 2.10
17	24.19.09	24.15.56½	— 3.12½
18	♎ 8.43.54½	♎ 8.40.23	— 3.31½

Ces deux dernières Lunaiſons, qui ſont les 99 & 100.e n'ont pu être à beaucoup près auſſi complettes, à cauſe des mauvais temps, que la 98.e Lunaiſon; il y manque ſur-tout ce qu'il auroit fallu du moins obſerver ailleurs vers le temps de la Pleine-lune ou vers les temps de ſon oppoſition au Soleil; pour y ſuppléer, il faudra conſulter les obſervations publiées dans le recueil *in-folio* de l'année 1735 : on y trouvera pareillement les obſervations faites dans des ſaiſons plus favorables; en un mot ce qui précède la 1.re quadrature de la 100.e Lunaiſon. Nous pouvons même en donner ici les réſultats principaux.

Dans l'oppoſition, par exemple, de la Lune au Soleil ou Pleine Lune du 1.er Novembre 1735 au matin, on trouve qu'à $0^h\ 19'\ 4''$ de temps vrai, la diſtance de la Lune au Soleil étoit $6^f\ 03^d\ 55'\frac{1}{5}$, l'argument annuel $8^f\ 23^d\ 53'\frac{2}{3}$: or la longitude obſervée étoit alors ♉ $12^d\ 13'\ 52''$, & la longitude calculée ♉ $12^d\ 12'11''$, ce qui donne l'erreur des Tables $+\ 1'\ 41''$; cette obſervation eſt d'autant plus importante que la Lune étoit alors dans ſes moyennes diſtances, c'eſt-à-dire à $2^f\ 29^d\ 43'$ d'anomalie moyenne.

Semblablement le 30 Novembre au matin à $2^h\ 53'\ 25''$ de temps vrai, deux à trois heures avant la Pleine Lune, la diſtance de la Lune au Soleil étoit $5^f\ 28^d\ 36'\frac{2}{3}$, & l'argument annuel $9^f\ 19^d\ 55'$; or la longitude obſervée étoit alors ♊ $5^d\ 59'\ 52''$; & la longitude calculée ♊ $5^d\ 58'\ 37''$, ce qui donne l'erreur des Tables $-\ 1'\ 15''$; quelques considérations m'ont porté néanmoins à supposer cette erreur de $1\frac{1}{2}$ ou $2'$ tout au plus négative : le grand nombre d'observations faites cette nuit-là suffisent pour décider la question; je n'ai fait usage pour lors que des passages vus aux fils horaires, là où il est quelquefois difficile de bien représenter les cercles horaires, en faisant courir à l'autre fil perpendiculaire, l'étoile qui se meut dans un parallèle à l'Équateur : je suis porté à croire qu'il vaudroit mieux se servir des distances qui ont été mesurées ensuite du bord de la Lune à *Aldebaran;* les Tables donnent les mouvemens horaires de la Lune comme il suit, savoir le 29 Novembre au passage de la Lune par le méridien à $11^h\ 49'\ 46''$ de temps vrai, ♊ $4^d\ 10'\ 37''$, sa latitude australe $3^d\ 53'\ 59''$, mais à $2^h\ 53'\ 25''$ de temps vrai le jour suivant, 30 Novembre au matin, les Tables donnent ♊ $5^d\ 58'\ 37''$ & sa latitude australe $4^d\ 00'\ 52''\frac{1}{2}$: la parallaxe $58'\ 20''$, qu'il sera libre d'augmenter plus ou moins, mais que j'ai supposée de $58'\ 35''$, sans altérer le demi-diamètre $16'\ 5''\frac{1}{2}$ tiré des Tables, puisqu'il n'y auroit à peine que 2 à $3''$ d'accroissement suivant les Observations. *Voyez page 42 du premier livre* in-folio *de l'Imprimerie du Louvre.*

ÉQUATION LUNAIRE.

Distance de la Lune au Soleil.

☊ — ☉	Sig. O	I.	II.	III.	IV.	V.	☊ — ☉
	Ajoutez en descendant.						
0	0″,0	2″,3	4″,5	5″,5	4″,5	2″,3	30
5	0,5	2,5	4,9	5,5	4,2	2,2	25
10	0,8	3,1	5,2	5,4	3,8	2,0	20
15	1,4	3,5	5,3	5,3	3,5	1,4	15
20	2,0	3,8	5,4	5,2	3,1	0,8	10
25	2,2	4,2	5,5	4,9	2,5	0,5	5
30	2,3	4,5	5,5	4,5	2,3	0,0	0
	Otez en montant.						
☊ — ☉	XI.	X.	IX.	VIII.	VII.	VI.	☊ — ☉

Cette Table peut servir à déterminer plus exactement le lieu du Soleil & son ascension droite, après que l'on aura corrigé son lieu moyen par l'équation du centre, *pages 68 & 69*, sans oublier l'effet de la nutation qui est inséré *page 72*. On peut consulter actuellement la Théorie de M. Euler, dans le VIIIe volume du Prix de l'Académie des Sciences, & prévoir ainsi quel doit être l'action des autres Planètes sur la Terre, dont les dérangemens peu considérables, ne sont pas encore assez constatés pour qu'on y ait égard dans le calcul de la longitude du Soleil par les Tables; au reste que peuvent signifier les équations de ceux qui ont voulu rectifier celles de M. Euler par la théorie uniquement?

Des Réfractions.

Il est très-important à la mer, d'avoir égard aux Réfractions, soit dans la recherche des latitudes par les hauteurs méridiennes, soit dans celle de l'heure vraie par quelques hauteurs aux environs du premier vertical; soit enfin dans la recherche des amplitudes: elles varient beaucoup, sur-tout aux environs de l'horizon. En 1758, on a publié à la Haye, quelques Essais sur les propriétés de la lumière, là où l'on distingue la partie variable des réfractions horizontales qu'on nomme *terrestres*, d'avec les réfractions astronomiques: on doit y avoir égard pour le nivellement. Ces sortes de distinctions d'ailleurs, n'ont point lieu dans la haute mer, ni même dans le continent lorsque l'atmosphère y acquiert sa consistance naturelle, analogue aux vents généraux qui règnent & qui influent sur nos machines usitées de Physique expérimentale.

J'avertirai cependant que la réfraction est très-variable à l'horizon, selon les climats, l'air dominant étant plus dense & plus froid vers les Pôles: en Lapponie, sous le Cercle polaire, la moyenne réfraction horizontale a paru au printemps de 35 à 36 minutes & à un degré de hauteur de 28 $\frac{1}{2}$ à 29 minutes: elle excède tant soit peu celle qu'on doit attribuer à notre climat vers 48 & 49 degrés de latitude pour le niveau de la mer; on trouve d'ailleurs dans la *Préface du III.e livre des Observations de la Lune*, qu'elle étoit à Paris dans un froid ordinaire de 28′ à 28 $\frac{1}{2}$ à 1 degré sur l'horizon, mais en été dans les grandes chaleurs, il y auroit environ 4 minutes de moins à cette hauteur d'un degré: au Pérou, sous l'équateur & au niveau de la mer, la réfraction horizontale n'a paru que de 27 minutes & à 1 degré de 20 minutes $\frac{1}{2}$. Toute la variation en ce dernier cas, n'iroit donc qu'à 4 minutes d'ici à l'équateur & dont il faudroit diminuer la réfraction à 1d: on y trouve nos chaleurs de l'été.

Table des Réfractions aux zones tempérées.

HAUTEURS APP.	RÉFRACTIONS.		HAUTEURS APP.	RÉFRACTIONS.	
Degrés.	*Minutes.*	*Secondes.*	*Degrés.*	*Minutes.*	*Secondes.*
5	9.	55	45	0.	57 $\frac{1}{2}$
10	5.	15	50	0.	47 $\frac{1}{2}$
15	3.	30	55	0.	40
20	2.	35	60	0.	32 $\frac{1}{2}$
25	2.	00	65	0.	26
30	1.	40	70	0.	20
35	1.	22 $\frac{1}{2}$	75	0.	15
40	1.	10	80	0.	10
45	0.	57 $\frac{1}{2}$	90	0.	00

Dans l'île Cayenne, par l'Étoile polaire, la réfraction a dû paroître à Richer de 15′ $\frac{1}{8}$ lorsqu'il a vu cette Étoile élevée de 2ᵈ 43′ 50″, sur l'horizon : or la Table de M. Bouguer la donneroit de 13′ $\frac{1}{8}$ ou 13′ $\frac{1}{3}$, ce qui indiqueroit qu'elle représente les réfractions de la zone torride au niveau de la mer, trop petites; outre que le baromètre étant d'un pouce moins élevé à Cayenne, qu'au bord de la mer du Sud, la différence s'accroît encore.

On trouvera à la fin du Livre des Institutions, les formules pour calculer l'aberration des Étoiles auxquelles la Lune a été comparée, soit en ascension droite, soit en longitude, &c. Voici mes Tables d'aberration des Étoiles de la 1.re grandeur, telles qu'elles furent calculées dans ces temps-là pour mon usage particulier; on les imprimât, même de mon aveu, mais sur une copie qui ne s'est pas trouvée assez exacte, sur-tout pour l'Étoile η des Pléïades : on auroit pu compter sur celle d'*Antarès* & de la plupart des autres Étoiles.

L'échelle de Gunter, donne avec une facilité singulière, l'aberration de jour en jour pour chacune de ces Étoiles; on porte le compas sur le sinus logarith. de 90ᵈ & sur le *maximum* de l'aberration, savoir à l'aide de l'autre échelle des nombres : or avec la même obliquité & ouverture de compas, on trouvera l'aberration particulière à chaque jour, posant une pointe sur le sinus logarith. de la distance du lieu du Soleil au point de l'écliptique, où l'aberration est nulle & qui est donnée par les deux Tables suivantes.

On fera de même pour la nutation, on ôtera le lieu du ☊ de la Lune de l'ascension droite de l'Étoile; s'il reste moins de 180ᵈ, elle sera *Nord*, & au contraire.

ABERRATIONS EN ASCENSION DROITE.

NOMS des ÉTOILES.	*Signes.*	*Degrés.*	ORIENTALE.	*M. S.*	OCCIDENT.
α du Bélier. . .	♒ ♌	$0\frac{1}{4}$	23 Octob.	0. 20,23	20 Avril.
η des Pléïades. .	♒ ♌	$25\frac{1}{3}$	17 Nov.	0. 21,17	16 Mai.
Aldebaran	♓ ♍	7	29 Nov.	0. 20,51	28 Mai.
α de la Chèvre. .	♓ ♍	$15\frac{2}{3}$	7 Déc.	0. 28,48	6 Juin.
Rigel.	♓ ♍	$16\frac{1}{4}$	8 Déc.	0. 20,14	7 Juin.
α d'Orion.	♓ ♍	$25\frac{4}{5}$	17 Déc.	0. 20,16	17 Juin.
Sirius.	♈ ♎	$7\frac{3}{4}$	29 Déc.	0. 20,81	29 Juin.
Procyon	♈ ♎	20	10 Janvier	0. 19,90	12 Juillet.
α de l'Hydre. . .	♉ ♏	$16\frac{1}{2}$	5 Février	0. 19,25	9 Août.
Regulus.	♉ ♏	$26\frac{1}{2}$	15 Février	0. 19,32	19 Août.
l'Épi de la Vierge	♋ ♑	$19\frac{1}{2}$	9 Avril.	0. 18,78	12 Octob.
Arcturus	♌ ♒	$3\frac{1}{2}$	23 Avril.	0. 20,08	26 Octob.
Antarès	♍ ♓	$4\frac{1}{3}$	25 Mai.	0. 21,87	26 Nov.
α de la Lyre. . .	♎ ♈	9	30 Juin.	0. 25,47	30 Déc.
α de l'Aigle . . .	♎ ♈	$22\frac{2}{3}$	15 Juillet.	0. 19,93	12 Janv.
α du Cygne . . .	♏ ♉	5	29 Juillet.	0. 27,13	25 Janv.
La Polaire. . . .	♑ ♋	$11\frac{2}{3}$	1 Octob.	8. 38,80	31 Mars.
Acharnar.	♓ ♍	$4\frac{1}{5}$	26 Nov.	0. 36,17	25 Mai.
Canopus.	♈ ♎	$11\frac{1}{4}$	1 Janvier	0. 32,62	2 Juillet.
Phomalhaut. . .	♐ ♊	$9\frac{1}{5}$	1 Sept.	0. 21,62	27 Février

L'ascension droite de Canopus en 1750 étoit $94^d\ 35'\ 30''$ & sa déclinaison méridionale de $52^d\ 34'\frac{1}{6}$: celle d'Acharnar, $58^d\ 30'\frac{3}{4}$: son ascension pouvoit être $22^d\ 0'$ ou $5'$.

ABERRATIONS EN DÉCLINAISON.

NOMS des ÉTOILES.	Signes	Deg.	au NORD.	M. S.	au SUD.
α du Bélier....	♒ ♌	$28\frac{1}{2}$	20 Nov.	0. 7,83	19 Mai.
η des Pléïades..	♓ ♍	12	4 Déc.	0. 4,99	2 Juin.
Aldebaran....	♒ ♌	$6\frac{1}{2}$	30 Octob.	0. 3,85	27 Avril.
α de la Chèvre.	♊ ♐	$1\frac{1}{2}$	20 Fév.	0. 8,06	25 Août.
Rigel........	♊ ♐	26	18 Sept.	0. 10,54	16 Mars.
α d'Orion.....	♋ ♑	$2\frac{1}{2}$	25 Sept.	0. 05,59	23 Mars.
Sirius........	♋ ♑	$3\frac{3}{4}$	27 Sept.	0. 12,79	24 Mars.
Procyon......	♊ ♐	$23\frac{1}{4}$	16 Sept.	0. 06,24	13 Mars.
α de l'Hydre..	♋ ♑	12	5 Octob.	0. 09,72	2 Avril.
Regulus......	♉ ♏	25	18 Août.	0. 06,81	14 Févr.
l'Epi de la Vierge	♋ ♑	$25\frac{1}{2}$	18 Octob.	0. 07,62	15 Avril.
Arcturus.....	♊ ♐	1	24 Août.	0. 12,34	19 Févr.
Antarès......	♎ ♈	0	21 Déc.	0. 03,88	21 Juin.
α de la Lyre...	♑ ♋	5	28 Sept.	0. 17,52	25 Mars.
α de l'Aigle...	♑ ♋	$6\frac{2}{3}$	29 Sept.	0. 10,33	27 Mars.
α du Cygne...	♑ ♋	29	22 Octob.	0. 18,00	19 Avril.
la Polaire.....	♈ ♎	$9\frac{2}{3}$	30 Déc.	0. 19,90	30 Juin.
Acharnar.....	♐ ♊	$12\frac{3}{4}$	5 Sept.	0. 18,72	3 Mars.
Canopus.....	♋ ♑	$3\frac{3}{4}$	26 Sept.	0. 19,49	23 Mars.
Phomalhaut...	♎ ♈	21	13 Juillet.	0. 10,41	11 Janv.

En 1672, le 24 & le 26 Juillet, la Polaire au-dessus du Pôle, a paru haute en l'île Cayenne de 7^d $30'$ $10''$, l'aberration pour 65 degrés de distance du lieu du Soleil à la moyenne position de l'Étoile, étoit $18'',03$ au sud, & la nutation pour 30^d ou environ de distance du ☊ de la Lune à l'ascension droite de l'Étoile étoit $4'',50$ nord; ainsi l'Étoile étoit en effet $13'',53$ plus loin du Pôle que n'auroit donné sa position moyenne; or à la fin de l'année 1671 la nutation étant $0''$ & l'aberration $20''$ au nord, la moyenne distance au Pôle a été trouvée en Danemarck par Picard, de 2^d $27'$ $45'',6$; & par conséquent à la fin de Juillet 1772, on auroit 2^d $27'$ $34''$; or la latitude de l'île Cayenne étant, selon l'histoire céleste 4^d $56'$ $13''$, on aura la moyenne hauteur de la Polaire au-dessus du Pôle 7^d $23'$ $47''$ ou 40*, & l'apparente 7^d $23'$ $57''\frac{1}{2}$; mais elle a paru ces jours-là à 7^d $30'$ $10''$, ainsi la réfraction est .. $6'$ $12''\frac{1}{2}$ à cette hauteur, c'est-à-dire $0'\frac{1}{2}$ plus grande que selon la Table des réfractions, construite au Pérou pour le niveau de la Mer. Cependant au même niveau à Cayenne sur la Mer du Nord, le baromètre y reste constamment un pouce plus bas qu'à la mer du Sud.

* Richer, à la Rochelle & hors du vrai Méridien.

FIN.

R.F.

TABLE DES MATIÈRES.

A

ABAISSEMENS (Table des) de l'Astre situé dans l'Équateur 3 & 4 minutes avant ou après le Méridien, page 12.

—— autre Table pour ceux qui se trouvent sous la ligne équinoxiale, p. 14.

—— 3.e Table pour la plus grande déclinaison du Soleil au temps des Solstices, p. 16.

—— autres Tables pour les Zones torrides & tempérées, p. 17 & 18.

ABERRATION (Tables de l') des Étoiles de la 1.re grandeur en ascension droite & déclinaison, p. 110 & 111.

—— Comment on peut la découvrir pour chaque jour par le secours de l'Échelle de Gunter, p. 109 & 112.

ACADÉMIE (l') des Sciences consultée sur les moyens de rectifier la latitude & la longitude d'un vaisseau par des moyens plus exacts, &c. que les méthodes vulgaires, page 1.

—— a proposé pour Prix les horloges marines, & la théorie de la Lune, p. 2 & 4.

—— l'Assemblée s'est occupée des latitudes en dernier lieu, p. 18.

ACCÉLÉRATION (l') du mouvement de la Lune, reconnue par Newton, Halley, & aux Tables des Institutions astronomiques, p. 75.

—— Celle des Étoiles *Aldebaran* & *Antarès*, indépendamment de l'apparente des Étoiles ou de l'Équinoxe, p. 79.

—— l'Étoile brillante de l'Aigle n'a pas autant accéléré son mouvement réel, qu'on l'a publié il y a trente ans, p. 81.

ACHROMATIQUES (utilité des Lunettes) & raisons pour s'en servir à la Mer, p. 84 & 87.

a

ACTION (l') des Planètes fur la Terre, introduite par M. Euler, p. 106.

—— n'entraîne pas de dérangemens affez fenfibles pour qu'on y ait égard dans les Tables du Soleil, *ibid.*

AIR (l') tempéré ne nous laiffe admettre que 50 fecondes de réfraction, à la hauteur du Pôle de Paris, p. 83.

—— plus denfe vers les Pôles que vers la zone torride, p. 107.

ANALYSE (équations algébriques qu'a fourni l') pour abréger les opérations de la Trigonomètrie fphérique, par qui propofées, p. 41.

ANALYTIQUE (l'expreffion) propofée en 1749 à l'Académie de Berlin, pour trouver les parallaxes de longitude & de latitude, p. 50 & 51.

ANGLE (l') parallactique, confidérations fur les moyens d'en abréger le calcul, p. 21.

—— la hauteur de Lune doit être obfervée à la Mer fi l'on veut abréger le calcul de l') parallactique, p. 50 & 51.

ANTARÈS ou le cœur du Scorpion, Étoile qui a un mouvement réel felon l'ordre des fignes, mais plus lent qu'aux autres Étoiles, p. 79.

—— fa longitude a été déduite de fon afcenfion droite & déclinaifon, publiées dans l'Hiftoire célefte, *ibid.*

APOGÉE (l') de la Lune, temps de fa révolution, p. 7.

—— Époques de fes moyens mouvemens ou fuite de la Table, p. 74.

APPULSES (les) des Hyades à la Lune; en quels temps, p. 84.

—— leur utilité lorfque le croiffant de la Lune eft très-délié, *ibid.*

APRÈS (M. D') fa feconde édition d'un Mémoire inftructif pour la navigation aux Indes orientales, p. 20.

ARCTURUS (l'Étoile) a un mouvement très-fenfible en latitude, & fe meut auffi en longitude contre l'ordre des fignes, p. 80.

ASCENSION droite du milieu du Ciel (l') nécessaire pour l'usage des Tables des pages 27 — 49.

— des Étoiles zodiacales publiées, en quel temps? p. 88.

— des Étoiles de la 1.re grandeur pour 1750 & 1770, p. 90.

ASTROLABE, sa description par Stophlerinus, Tacquet, p. 45 & 52.

ATTÉRAGES (Problème de navigation qui peut être aujourd'hui très-utile aux) p. 20 & 21.

— Table du nonagésime très-utile aux) soit à Saint-Domingue, soit aux Isles de France, p. 46 & 47.

B

BALANCE (l'ascension droite des deux principales Étoiles de la) & leur déclinaison, p. 89.

BAROMÈTRE (un pouce de chute au) donne environ deux tiers de minute de changement dans la réfraction à 5^d de hauteur, p. 84.

— la remarque faite par M. Bernoulli, que le Baromètre est d'un pouce plus bas sur le rivage de la Mer du Nord qu'à la Mer du Sud, p. 109 & 112.

BAS (LE) Échelles logarithmiques exécutées par ce célèbre Artiste, p. 13.

BERLIN (Mémoires de l'Académie de) où l'on démontre les Équations pour les parallaxes de longitude & de latitude, p. 41.

BOUGUER (M.) s'élève en 1754, dans son Traité de navigation contre les Méthodes indirectes pour trouver la latitude, p. 19.

— la réfraction que cet Auteur a publiée pour le niveau de la mer au Pérou, paroît trop diminuée, soit à l'horizon, soit à $7^d\frac{1}{2}$ de hauteur, p. 109 — 112.

BOUILLAUD, Astronome contemporain de Képler, a recherché le moyen mouvement de la Lune, & l'a conclu plus lent qu'aujourd'hui, p. 75.

BOUSSOLE (la) nous aide à trouver la Méridienne à la Mer, ou plutôt à mesurer, aux environs de ce Méridien, la plus grande hauteur de l'astre, p. 10.

—— moyen d'y suppléer, page 11.

C

CARTE (la) céleste du zodiaque, actuellement au Dépôt de la Marine, p. 86.

—— en quelles occasions elle doit être absolument consultée, p. 87.

CAYENNE (Observations sur l'obliquité de l'écliptique, ou distance des tropiques, faites en l'Isle) p. 22.

—— quelle a été la réfraction de l'Étoile polaire dans cette Isle, p. 109 & 112.

CÉLESTE (l'Histoire) a introduit les Élémens nouvellement admis pour la Théorie du Soleil, p. 55.

—— on a discuté pour la première fois de ce siècle en France, dans cette Histoire, les ascensions droites en déclinaison des étoiles de la 1.re grandeur, p. 78.

CHARNIÈRES (M. DE) a inventé le mégamètre lorsqu'on ne s'occupoit plus que des moyens de perfectionner l'octant anglois, p. 2.

—— a publié en dernier lieu un Recueil d'expériences & des distances d'Étoiles entr'elles & à la Lune, pour trouver la longitude en mer, p. 76.

CHÈVRE (l'Étoile brillante de la) a ralenti son mouvement en déclinaison, ainsi qu'on l'avoit déjà établi dans l'Histoire céleste il y a trente ans, p. 91.

CHIEN (l'Étoile du grand) a un mouvement en latitude assez sensible, page 81.

COUBART (nouvelle édition du Traité du Pilotage de) publiée à Paris en 1766, p. 20.

CRÉPUSCULES (les hauteurs des Étoiles vues dans le premier vertical au temps des) donnent l'heure exactement à la mer, p. 82.

—— leurs hauteurs méridiennes vues dans ces mêmes temps, donnent exactement les latitudes à la mer, *ibid.*

CRÉPUSCULES (on voit les Planètes avant les Étoiles aux temps des) & on peut les comparer à la Lune, p. 87.

CROISSANT (utilité des appulses des Étoiles zodiacales au) de la Lune, lorsqu'il est trop délié pour le pouvoir comparer au Soleil en plein jour, p. 54 & 84.

D

DANGEREUX (il seroit fort) de ne pas reconnoître, entre les tropiques, si l'Astre est au vrai méridien, ou du moins de combien il en est écarté, p. 11.

DANEMARCK (la distance de la Polaire au Pôle, vue en) employée à la recherche des réfractions de la zone torride, p. 112

DÉCLINAISON (Table générale de la) des points de l'Écliptique qui répondent à l'ascension droite du milieu du Ciel, p. 27.

—— autre Table des Étoiles, p. 89 & 91.

—— Aberrations des Étoiles en) de la 1.re grandeur, p. 111.

DÉPÔT (le Zodiaque gravé par d'Heulland, se trouve au) de la Marine, p. 85 & 86.

DISTANCE (la vraie) de quelques Étoiles fixes pour vérifier le mégamètre, selon M. de Charnières, examinée, &c. p. 76 & 77.

—— la réfraction n'accourcit jamais la) de deux Astres, pour peu qu'ils s'éloignent du zénit, s'ils sont à même hauteur p. 82.

DISTANCES (les) au zénit varient comme les carrés des temps si l'Astre ne s'approche pas plus près que de 3 à 4 degrés, p. 13 & 15.

—— de la Lune aux Étoiles avec l'octant incertaines, au défaut d'un long calcul, si l'on ne peut pas mesurer la nuit la hauteur de la Lune & des Étoiles, p. 40.

E

ÉCHELLES (les) simples gravées sur le revers de celles des logarithmiques, utiles, en quelles occasions, p. 52.

ÉCHELLE (l') logarithmique de Gunter ; son usage pour la recherche de la latitude entre les tropiques, p. 13.

—— elle avoit acquis un très-grand détail de rapports logarithmiques en physique, sous la direction de M. Sauveur, p. 13.

—— la double de Gunter nous sert à résoudre sans compas, les triangles rectilignes & parallactiques, p. 42.

—— utilité de l') logarithmique pour trouver chaque jour les aberrations & nutations des Étoiles en ascension droite & déclinaison, p. 109.

ÉCLIPSES (avis à l'occasion des) des Étoiles par la Lune, p. 84 — 87.

ÉCLIPTIQUE (obliquité de l') ou son inclinaison à l'Équateur, supposée ci-devant deux tiers de minute plus petite qu'aujourd'hui, p. 22.

—— son obliquité moyenne n'a pas varié sensiblement depuis 1672 jusqu'en 1737, *ibid.*

—— son angle & celui du Méridien, p. 30.

ELLIPSES (difficulté de tracer les) dans le quartier sphérique de Radouai ou de Roïas, p. 44.

—— elles se resserrent trop vers la circonférence dans cette projection qui est orthographique, p. 45.

ÉPOQUES (les) du moyen mouvement du Soleil méritent une attention toute particulière, p. 57.

—— ce qu'on en doit penser par rapport au mouvement de l'apogée du Soleil, p. 58.

—— leurs Tables générales, p. 59 & 60.

—— celles du moyen mouvement de la Lune, assujetties à l'accélération de ce Satellite, p. 74 & 75.

ÉQUATEUR (Table des abaissemens du Soleil à chaque minute avant ou après midi sous l'), p. 14.

—— longitude du nonagésime de 4 en 4 degrés, & sa hauteur sur l'horizon, correspondantes sous l'Équateur, p. 32 — 35.

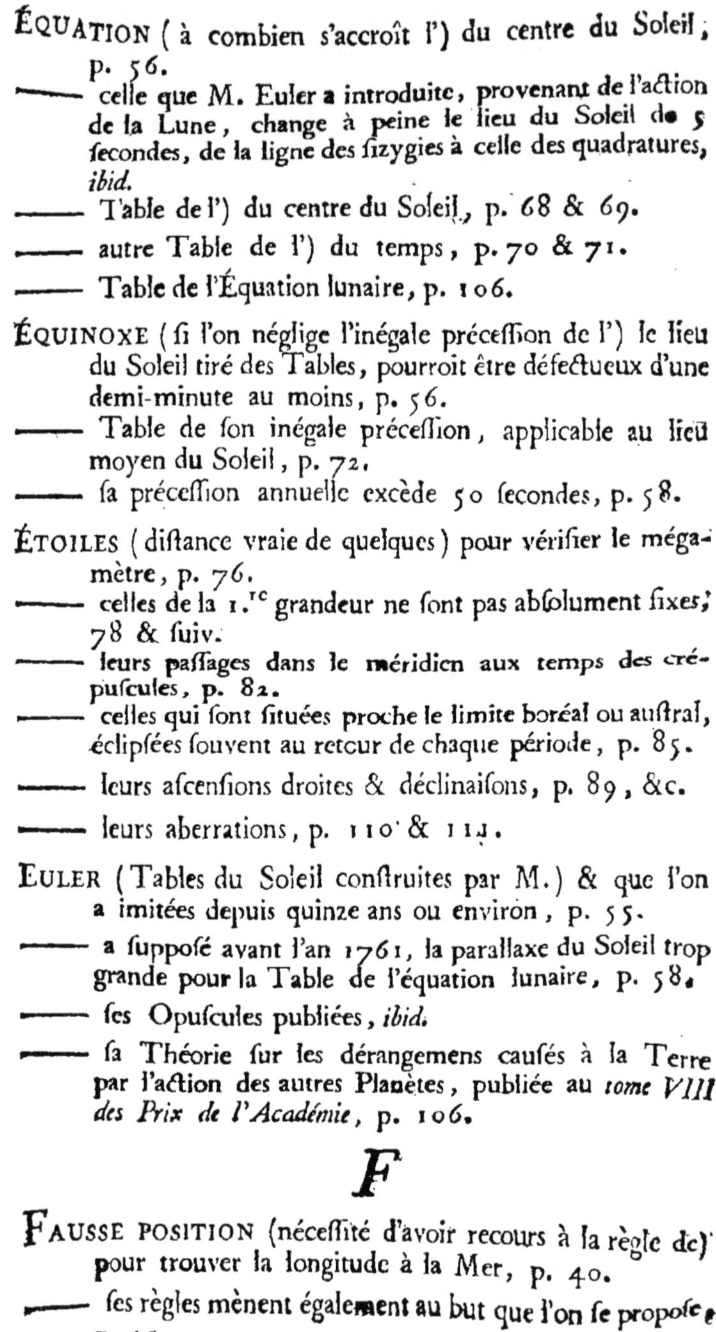

ÉQUATION (à combien s'accroît l') du centre du Soleil, p. 56.

—— celle que M. Euler a introduite, provenant de l'action de la Lune, change à peine le lieu du Soleil de 5 secondes, de la ligne des sizygies à celle des quadratures, *ibid.*

—— Table de l') du centre du Soleil, p. 68 & 69.

—— autre Table de l') du temps, p. 70 & 71.

—— Table de l'Équation lunaire, p. 106.

ÉQUINOXE (si l'on néglige l'inégale précession de l') le lieu du Soleil tiré des Tables, pourroit être défectueux d'une demi-minute au moins, p. 56.

—— Table de son inégale précession, applicable au lieu moyen du Soleil, p. 72.

—— sa précession annuelle excède 50 secondes, p. 58.

ÉTOILES (distance vraie de quelques) pour vérifier le mégamètre, p. 76.

—— celles de la 1.re grandeur ne sont pas absolument fixes, 78 & suiv.

—— leurs passages dans le méridien aux temps des crépuscules, p. 82.

—— celles qui sont situées proche le limite boréal ou austral, éclipsées souvent au retour de chaque période, p. 85.

—— leurs ascensions droites & déclinaisons, p. 89, &c.

—— leurs aberrations, p. 110 & 111.

EULER (Tables du Soleil construites par M.) & que l'on a imitées depuis quinze ans ou environ, p. 55.

—— a supposé avant l'an 1761, la parallaxe du Soleil trop grande pour la Table de l'équation lunaire, p. 58.

—— ses Opuscules publiées, *ibid.*

—— sa Théorie sur les dérangemens causés à la Terre par l'action des autres Planètes, publiée au *tome VIII des Prix de l'Académie*, p. 106.

F

FAUSSE POSITION (nécessité d'avoir recours à la règle de) pour trouver la longitude à la Mer, p. 40.

—— ses règles mènent également au but que l'on se propose, p. 45.

FRÉGATE d'expérience armée en cette année 1771, p. 5.

FORMULES (les) pour les parallaxes de la Lune, p. 42 & 51.

—— on en trouve au Livre des Institutions astronomiques pour calculer l'aberration des Étoiles auxquelles la Lune a été comparée, p. 109.

G

GEMEAUX (distance des Étoiles de la tête des) & publiées en 1769 dans les *Mémoires de l'Académie des Sciences*, p. 77.

—— ascensions droites & déclinaisons des Étoiles de leurs têtes, p. 89.

GRÉGORI, son Commentaire abrégé sur la Théorie de la Lune de Newton, p. 5.

GUNTER, son échelle logarithmique singulièrement développée & appliquée aux questions physiques, par M. Sauveur, p. 13.

—— sa règle ou échelle donne la solution des triangles rectilignes & parallactiques, p. 42.

—— son échelle nous exempte de faire deux fois le calcul, p. 54.

—— facilité singulière de reconnoître les aberrations pour chaque jour & la nutation des Étoiles, à l'aide de son échelle, p. 109.

H

HALLEY (on rappelle ici la méthode des solstices de) qui n'est qu'un cas particulier & le seul applicable à la méthode générale des trois hauteurs de l'Astre, savoir lorsqu'on s'approche des Pôles, p. 3.

—— demi-période lunaire, bien complette, à la suite des Tables du même, p. 75.

—— l'accélération du mouvement de la Lune, selon le même, *ibid.*

HAUTE-MER (dans la) hors le temps des orages, la réfraction y est purement astronomique, p. 107.

HAUTEUR (la) que le Pilote, par 25^d de latitude, a mesuré 5′ trop tard, le jour de l'équinoxe, entraîne une erreur de $1'\frac{3}{4}$ dans la latitude qu'il cherche, p. 13.

Hauteur (sous l'équateur & sous le tropique, 3′ de temps écoulé, altèrent la) méridienne de 45′ à $41'\frac{1}{4}$ lorsque le Soleil y parvient au zénit, p. 17.

Hauteurs (grandes erreurs qu'on risque de commettre dans la recherche de la latitude pour trois) observées avant ou après midi, p. 19.

Hauteur (Tables de la) du nonagésime sous l'équateur, les tropiques, &c. p. 34 & suiv.

—— la difficulté de mesurer la nuit celle de la Lune & des Étoiles, influe sur la justesse de l'opération par les grands arcs des octans, p. 40 & 50.

—— si l'on connoît celle du Soleil, quels sont les différens moyens d'en conclure sans calcul l'heure du jour, p. 43.

—— celle de la Lune observée, donne la parallaxe, p. 50.

Hauteur (nécessité d'avoir recours à la réfraction pour corriger la) du Soleil en diverses occasions, p. 107.

—— celle de l'Étoile polaire en l'île Cayenne, p. 109 & 112.

HÉMISPHÈRE (le Pôle opposé à l') visible, indique la situation de l'œil dans la projection stéréographique, p. 51.

HÉMISPHÈRES (les) avec leurs cercles horaires ou verticaux, &c. sont très-variés dans leur application, selon le génie du rédacteur, p. 52.

—— leur embarras lorsqu'ils sont transparens, *ibid.*

HEURE (l') où le temps vrai se détermine à l'aide d'une hauteur du Soleil, en y employant de grands astrolabes, si l'on veut éviter d'en faire le calcul, p. 43 & suiv.

—— on la trouve d'autant plus exactement que l'astre est moins éloigné du premier vertical, p. 107.

HOMBRON (Tables du nonagésime & de sa hauteur, calculées pour la latitude de Paris, par M.) p. 24.

HORAIRES (les cercles) peuvent être pris dans les hémisphères projectées pour des verticaux ou azimuths, si l'on considère en ce cas l'équateur de cette projection comme horizon, p. 52.

HORIZON (le reflet de la lumière de la Lune jusque dans l') facilite l'opération, lorsqu'il s'agit d'en mesurer la hauteur, la Lune étant fort basse, p. 50.

Horizon (l') peut être substitué à l'Équateur quand on opère sur les plans de projection, p. 52.

Horizon (la réfraction très-variable à l') p. 107.

I

INCLINAISON, ou intervalle des plans de l'Écliptique à l'Équateur, qu'on nomme obliquité, p. 22,

—— son équation est de 9 secondes & périodique, *ibid.*

INSTITUTIONS (les) astronomiques contiennent les époques du moyen mouvement de la Lune, &c. jusqu'en 1761, p. 74.

—— accélération du moyen mouvement de la Lune, indiquée dans ce Livre, p. 75.

—— Table des réfractions insérées au même Livre, p. 83.

—— on trouve à la fin de ce Livre, les formules pour l'aberration des Étoiles, p. 109.

JOUR (exemple que l'on a pris pour les trois hauteurs observées avant midi le) de l'équinoxe, p. 19.

Jour (la hauteur de la Lune sur l'horizon, facile à mesurer en plein) p. 54.

Jour (l'échelle de Gunter donne très-facilement l'aberration & la nutation de) en jour, p. 109.

L

LATITUDE (recherches plus fréquentes de la) p. 2.

—— elle est la première supposition qu'on fait, soit dans la recherche de l'heure vraie du Soleil, soit dans dans celle des longitudes à la Mer, p. 10.

—— pratique des Pilotes pour la trouver par la plus grande hauteur de l'Astre & la) *ibid.*

Latitude (la recherche de l'heure vraie doit précéder désormais celle de la hauteur méridienne ou de la) p. 11.

—— comment on auroit pu errer de 25 minutes dans sa recherche, p. 19.

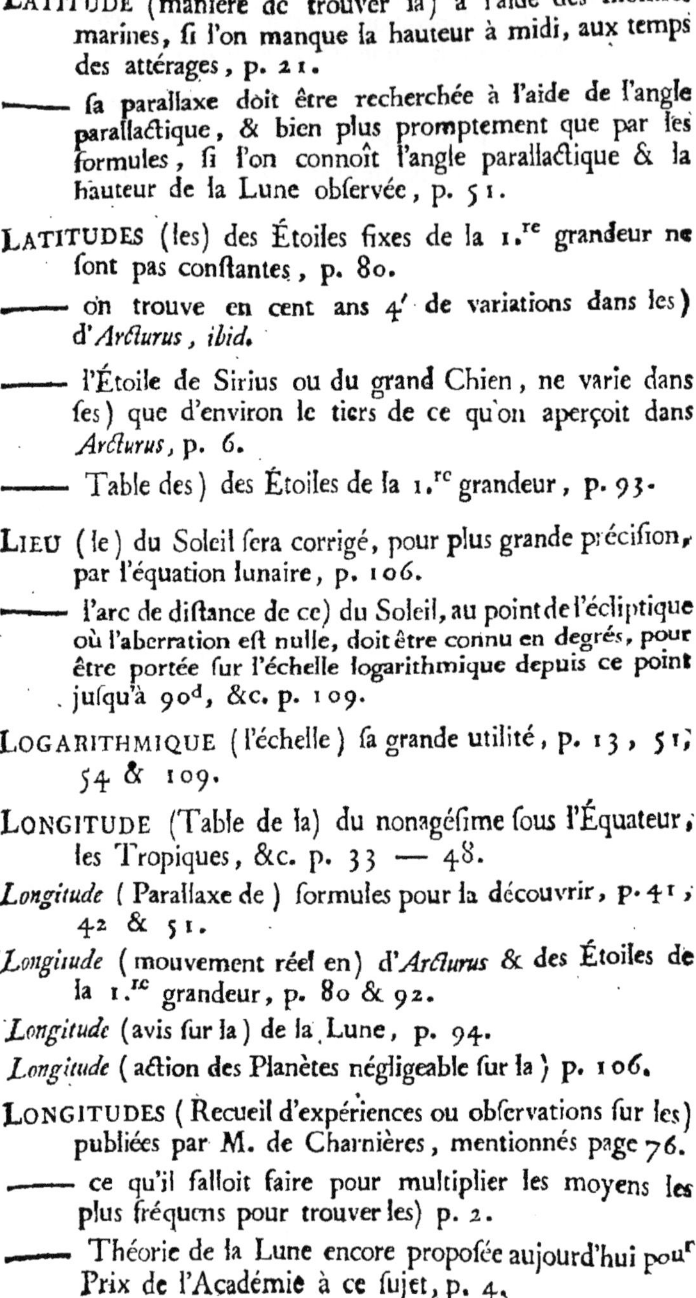

LATITUDE (manière de trouver la) à l'aide des montres marines, ſi l'on manque la hauteur à midi, aux temps des attérages, p. 21.

—— ſa parallaxe doit être recherchée à l'aide de l'angle parallactique, & bien plus promptement que par les formules, ſi l'on connoît l'angle parallactique & la hauteur de la Lune obſervée, p. 51.

LATITUDES (les) des Étoiles fixes de la 1.re grandeur ne ſont pas conſtantes, p. 80.

—— on trouve en cent ans 4′ de variations dans les) d'*Arcturus*, *ibid.*

—— l'Étoile de Sirius ou du grand Chien, ne varie dans ſes) que d'environ le tiers de ce qu'on aperçoit dans *Arcturus*, p. 6.

—— Table des) des Étoiles de la 1.re grandeur, p. 93.

LIEU (le) du Soleil ſera corrigé, pour plus grande préciſion, par l'équation lunaire, p. 106.

—— l'arc de diſtance de ce) du Soleil, au point de l'écliptique où l'aberration eſt nulle, doit être connu en degrés, pour être portée ſur l'échelle logarithmique depuis ce point juſqu'à 90^{d}, &c. p. 109.

LOGARITHMIQUE (l'échelle) ſa grande utilité, p. 13, 51, 54 & 109.

LONGITUDE (Table de la) du nonagéſime ſous l'Équateur, les Tropiques, &c. p. 33 — 48.

Longitude (Parallaxe de) formules pour la découvrir, p. 41, 42 & 51.

Longitude (mouvement réel en) d'*Arcturus* & des Étoiles de la 1.re grandeur, p. 80 & 92.

Longitude (avis ſur la) de la Lune, p. 94.

Longitude (action des Planètes négligeable ſur la) p. 106.

LONGITUDES (Recueil d'expériences ou obſervations ſur les) publiées par M. de Charnières, mentionnés page 76.

—— ce qu'il falloit faire pour multiplier les moyens les plus fréquens pour trouver les) p. 2.

—— Théorie de la Lune encore propoſée aujourd'hui pour Prix de l'Académie à ce ſujet, p. 4.

LONGITUDES. Périodes lunaires de dix-huit & de trente-six ans, qui suppléent à la Mer, au défaut de la théorie newtonienne, *ibid.*

LUMIÈRE (la) ou le reflet de celle de la Lune, peut servir à faire reconnoître la nuit l'horizon, p. 50.

—— celle de la Lune foible dans les croissans ou décours, p. 87.

—— son abondance dans les Lunettes achromatiques, *ibid.*

LUNE (la Théorie de la) sujet actuel du Prix proposé par l'Académie des Sciences, p. 4.

—— sa longitude, p. 6, 8 & 9, comme aussi p. 96 — 103.

—— ses nœuds, p. 7, 84 & 85.

—— ses distances aux Étoiles mesurées avec l'octant, ne font pas une observation complette, si leur hauteur ne peut se mesurer pendant la nuit, p. 40.

—— sa parallaxe en longitude, formule pour la découvrir, p. 43 & 51.

—— sa hauteur, en quel cas on la mesure facilement la nuit, p. 50.

—— comment sa distance aux Étoiles s'observe, p. 55, 88.

—— suite des époques de son moyen mouvement, pour servir de supplément aux Tables des Institutions, p. 74.

—— accélération de son mouvement, p. 75.

Lune (occultations des Étoiles par la) leur grande utilité, p. 86.

—— appulses des Étoiles & Planètes aux Croissans, leurs avantages, p. 87 & 88.

Lune (Avis sur la longitude de la) p. 94.

M

MAISON (la dixième) céleste est celle qui est désignée par le point de l'Écliptique qui coupe le méridien, p. 21.

—— Table du nonagésime degré autrefois assujetties à la dixième, *ibid.*

MARINE (le Dépôt de la) du Roi, a acquis les Planches du Zodiaque que l'on a fait graver ici avec le plus grand soin, p. 85 & 86.

MARINS (les) ne sont effrayés que de la longueur des calculs ou la mutiplicité des Tables lunaires, p. 4.

MAUPERTUIS (M. de) & ses Commentateurs n'ont parlé que des problèmes de la sphère, relatifs à l'Astronomie nautique, p. 3.

—— Problème algébrique qu'il a résolu pour trouver les latitudes par trois hauteurs observées aux environs du méridien, *ibid.*

MAXIMUM (la plus grande quantité ou le) de l'aberration, p. 110 & 111.

MÉGAMÈTRE (le) donne à la Mer les distances des Étoiles voisines de la Lune, avec la plus grande précision, p. 2.

—— distances de quelques Étoiles pour vérifier la Table de ses parties, p. 76.

Mégamètre (opérations qui doivent précéder celles des distances pour l'octant ou plutôt par le) p. 82.

—— si l'Almanach étoit exact, les Planètes pourroient être comparées à la Lune par son moyen, p. 88.

MÉMOIRE (2.e édition du) de M. d'Après sur la navigation aux Indes Orientales, p. 20.

—— ceux de l'Académie des Sciences ont fait mention de l'inégale précession de l'équinoxe, p. 56.

—— ils contiennent les détails sur le mouvement d'*Arcturus*, p. 80.

—— ceux de l'Académie de Péterfbourg & de Berlin, donnent la démonstration des formules pour les parallaxes, p. 41 & 50.

MER (attention que l'on a donnée en ces derniers temps à une recherche plus fréquente des latitudes & des longitudes à la) p. 2.

Mer (digression sur la recherche de la latitude en) p. 10—20.

—— l'heure observée à la) donne l'ascension droite du milieu du Ciel, p. 33.

—— difficulté de mesurer les hauteurs la nuit, p. 40.

—— on a cherché à faire évanouir l'embarras des triangles sphériques à la) p. 41.

—— comment on peut connoître avec plus de certitude l'heure à la) p. 82,

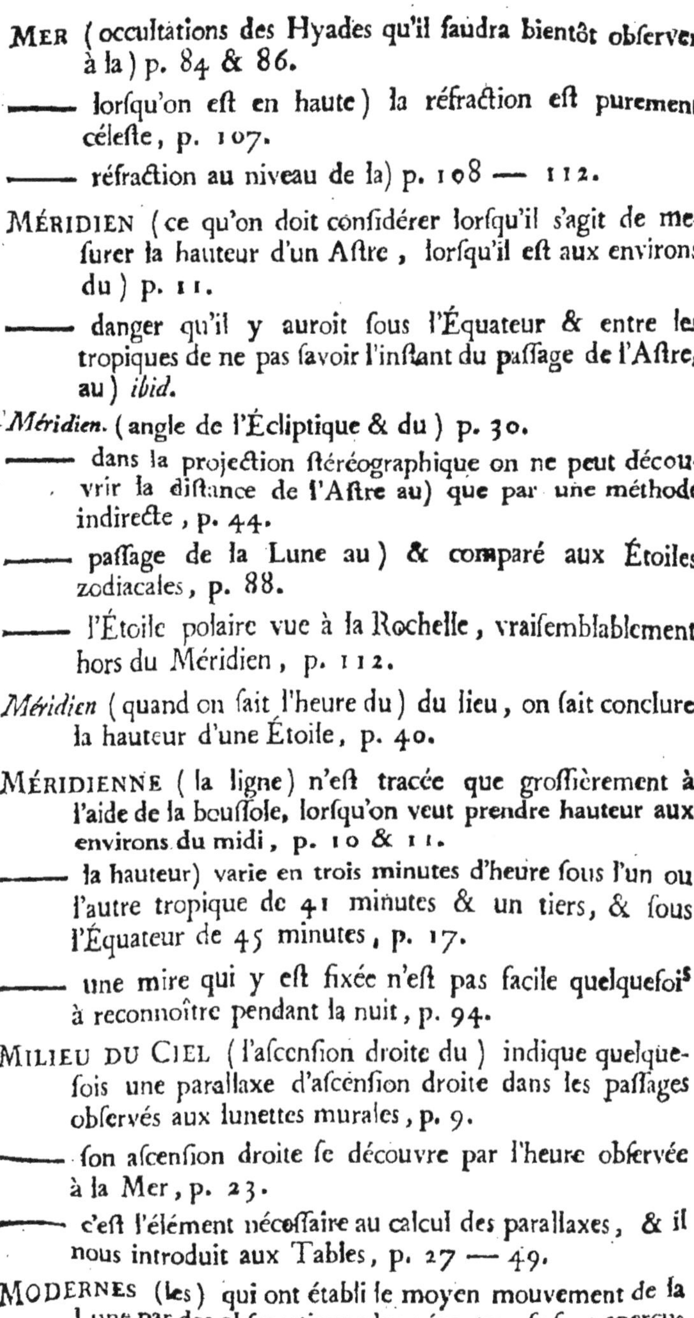

MER (occultations des Hyades qu'il ſaudra bientôt obſerver à la) p. 84 & 86.

—— lorſqu'on eſt en haute) la réfraction eſt purement céleſte, p. 107.

—— réfraction au niveau de la) p. 108 — 112.

MÉRIDIEN (ce qu'on doit conſidérer lorſqu'il s'agit de meſurer la hauteur d'un Aſtre, lorſqu'il eſt aux environs du) p. 11.

—— danger qu'il y auroit ſous l'Équateur & entre les tropiques de ne pas ſavoir l'inſtant du paſſage de l'Aſtre, au) *ibid.*

Méridien. (angle de l'Écliptique & du) p. 30.

—— dans la projection ſtéréographique on ne peut découvrir la diſtance de l'Aſtre au) que par une méthode indirecte, p. 44.

—— paſſage de la Lune au) & comparé aux Étoiles zodiacales, p. 88.

—— l'Étoile polaire vue à la Rochelle, vraiſemblablement hors du Méridien, p. 112.

Méridien (quand on ſait l'heure du) du lieu, on ſait conclure la hauteur d'une Étoile, p. 40.

MÉRIDIENNE (la ligne) n'eſt tracée que groſſièrement à l'aide de la bouſſole, lorſqu'on veut prendre hauteur aux environs du midi, p. 10 & 11.

—— la hauteur) varie en trois minutes d'heure ſous l'un ou l'autre tropique de 41 minutes & un tiers, & ſous l'Équateur de 45 minutes, p. 17.

—— une mire qui y eſt fixée n'eſt pas facile quelquefois à reconnoître pendant la nuit, p. 94.

MILIEU DU CIEL (l'aſcenſion droite du) indique quelquefois une parallaxe d'aſcenſion droite dans les paſſages obſervés aux lunettes murales, p. 9.

—— ſon aſcenſion droite ſe découvre par l'heure obſervée à la Mer, p. 23.

—— c'eſt l'élément néceſſaire au calcul des parallaxes, & il nous introduit aux Tables, p. 27 — 49.

MODERNES (les) qui ont établi le moyen mouvement de la Lune par des obſervations plus récentes, ſe ſont aperçus d'une accélération ſenſible, p. 74.

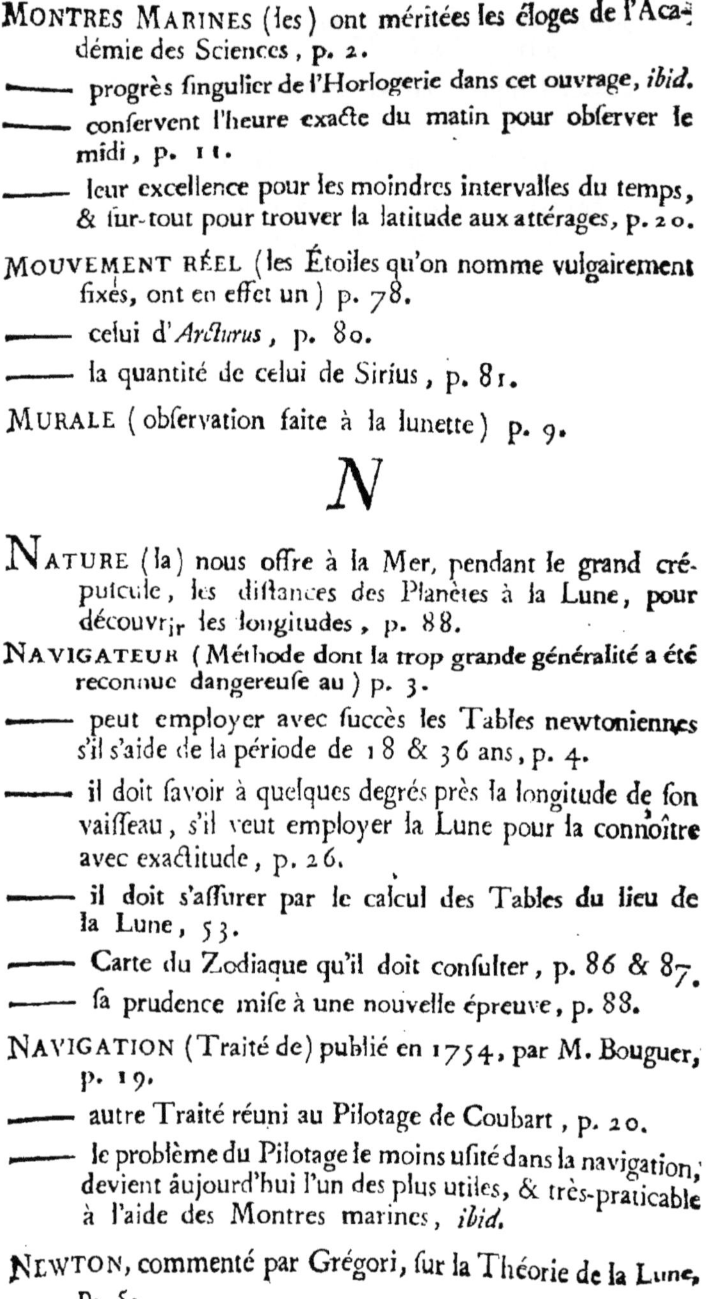

MONTRES MARINES (les) ont méritées les éloges de l'Académie des Sciences, p. 2.

—— progrès singulier de l'Horlogerie dans cet ouvrage, *ibid.*

—— conservent l'heure exacte du matin pour observer le midi, p. 11.

—— leur excellence pour les moindres intervalles du temps, & sur-tout pour trouver la latitude aux attérages, p. 20.

MOUVEMENT RÉEL (les Étoiles qu'on nomme vulgairement fixes, ont en effet un) p. 78.

—— celui d'*Arcturus*, p. 80.

—— la quantité de celui de Sirius, p. 81.

MURALE (observation faite à la lunette) p. 9.

N

NATURE (la) nous offre à la Mer, pendant le grand crépuscule, les distances des Planètes à la Lune, pour découvrir les longitudes, p. 88.

NAVIGATEUR (Méthode dont la trop grande généralité a été reconnue dangereuse au) p. 3.

—— peut employer avec succès les Tables newtoniennes s'il s'aide de la période de 18 & 36 ans, p. 4.

—— il doit savoir à quelques degrés près la longitude de son vaisseau, s'il veut employer la Lune pour la connoître avec exactitude, p. 26.

—— il doit s'assurer par le calcul des Tables du lieu de la Lune, 53.

—— Carte du Zodiaque qu'il doit consulter, p. 86 & 87.

—— sa prudence mise à une nouvelle épreuve, p. 88.

NAVIGATION (Traité de) publié en 1754, par M. Bouguer, p. 19.

—— autre Traité réuni au Pilotage de Coubart, p. 20.

—— le problème du Pilotage le moins usité dans la navigation, devient aujourd'hui l'un des plus utiles, & très-praticable à l'aide des Montres marines, *ibid.*

NEWTON, commenté par Grégori, sur la Théorie de la Lune, p. 5.

NEWTON (on avoit avancé en 1726 l'époque des moyens mouvemens de la Lune établie dans l'autre siècle par) p. 75.

—— sa Table des réfractions insérée au Livre des Institutions astronomiques, p. 83.

NIVEAU DE LA MER (réfractions qui conviennent au) p. 108 — 112.

NŒUD ASCENDANT (le) de la Lune, p. 7, 22, 72 & 74.

NONAGÉSIME (nécessité d'achever les Tables du) p. 24 & suiv.

NUTATION (effet de la) p. 22 & 73.

—— en ascension droite) on la calcule très-facilement chaque jour à l'aide de l'échelle de Gunter, p. 109.

O

OBLIQUITÉ (l') de l'écliptique en 1672 & 1737, absolument la même, p. 23.

Obliquité de l'écliptique, sujette à une variation apparente & périodique qui se rétablit tous les 18 ans. *Ibid.*

—— On l'admet moyenne de 25^d $28' \frac{1}{3}$, & à peine variable ou décroissante. *Ibid.*

OBSERVATEUR (l') doit être assuré du vrai lieu du Soleil sur les Tables modernes, sans oublier d'avoir égard à l'inégale précession de l'équinoxe p. 56.

OBSERVATIONS (énumération des) de la Lune faites en 1753 comparés aux Tables, de même que d'autres faites en 1735, ou 18 ans auparavant, p. 56, 66 & 91, 96 — 101.

OCTANT (on s'est attaché plus de trente ans à perfectionner les) à miroirs, p. 2.

Octant, manière de mesurer irrévocablement la distance du Soleil à la Lune avec (l'), en y employant les deux bords de l'Astre, p. 55.

OFFICIERS ESPAGNOLS (M.rs les) ont publiés une Table de la déclinaison du Soleil pour une obliquité de l'écliptique de 23^d $28'$ $0''$, p. 23.

OFFICIERS

OFFICIERS ESPAGNOLS (les) n'admettoient pas pour cela, il y a trente ans, une obliquité de l'écliptique aussi petite, p. 24.

OPUSCULES de M. Euler (les) contiennent les premières Tables du Soleil où l'on ait introduit des équations nouvelles, p. 55 & 56.

ORION (distances des Étoiles de la ceinture d') p. 77.

—— l'Étoile α se meut suivant l'ordre des Signes, p. 80.

ORTHOGRAPHIQUE (la projection) suppose l'œil à une distance infinie, p. 44.

—— adoptée par Roïas, inventeur du quartier sphérique dont les cercles horaires sont des ellipses, *ibid.*

—— feu M. Radouai, Capitaine des Vaisseaux du Roi, employoit le quartier sphérique qu'il avoit fait dresser sur la projection) p. 44 & 45.

P

PARALLACTIQUE (le triangle) est toujours censé rectiligne, à cause de sa petitesse, p. 42.

—— l'angle a servi jusqu'ici, au défaut des expressions analytiques, à résoudre le triangle parallactique, *ibid.*

Parallactique (l'angle à la Lune, ou à la longitude de la Lune, est le même que l'angle) lorsque la latitude est nulle, *ibid.*

—— manière de trouver l'angle) lorsque la hauteur apparente de la Lune a été observée, p. 51.

PARALLAXE (la) d'ascension droite n'est pas à négliger lorsque l'Astre n'est pas exactement au plan du méridien, lorsqu'on observe à terre, p. 9.

—— son expression simple en longitude lorsque la latitude de la Lune est nulle, p. 41.

—— Expressions générales, p. 42 & 51.

—— négligeant ces expressions, on se servira du quartier sphérique, p. 43, &c.

—— si la hauteur de la Lune a été observée on aura la) de hauteur, à l'aide de la double règle de Gunter ou par les logarithmes de Gardiner, p. 51 & 54.

PARALLAXE (la) de latitude facile à découvrir si l'on fait une fois quelles sont celles de longitude & celles de hauteur, p. 51.

PARALLÈLES (dans la projection orthographique de Roïas les) à l'Équateur ou à l'horizon, sont des lignes droites, p. 44.

PASSAGES (l'instrument des) a été employé aux observations de la Lune au Méridien pendant l'année 1753, p. 5 & 94.

—— la nuit au défaut des Étoiles, on a estimé relativement à la mire, la direction de la lunette des) p. 94.

PÉRIODE (la) lunaire ou SAROS, fort différente de celle des nœuds & de l'apogée de la Lune, p. 7.

PÉROU (l'obliquité de l'Écliptique & la distance des Tropiques observées au) p. 22.

—— les réfractions au) sont plus petites au niveau de la Mer du Sud, qu'au niveau de la Mer du Nord, p. 108 & 112.

PLANÈTES (la Lune comparée aux) donneroit la longitude si l'on pouvoit se fier aux Éphémérides, p. 87 & 88.

—— (les) pourroient être comparées avec avantage dans les croissans ou décours, lorsqu'on ne sauroit voir d'Étoiles, *ibid.*

PLANISPHÈRE, son usage, p. 40.

—— autres usages, p. 44, 45 & 51.

PÔLE (la méthode de trouver la hauteur méridienne par trois hauteurs qui en sont éloignées, n'est praticable qu'aux environs du) p. 3.

—— le) des triangles sphériques selon les loix de la projection, p. 53.

—— l'œil voit sur le plan de l'Équateur, la projection de l'hémisphère, si on le place au) opposé, p. 51.

PRÉCESSION (la) annuelle de l'Équinoxe, p. 58 & 79.

PROJECTIONS (deux sortes de) usitées dans nos ports, p. 43 & suivantes.

—— (les) stéréographiques supposent l'œil au Pôle de l'hémisphère opposé, p. 51.

PROPRIÉTÉ singulière des projections stéréographiques, p. 51.

Q

QUADRATURE (l'erreur des Tables newtoniennes au temps de la seconde) en Avril 1735, p. 8.

—— l'équation lunaire ne s'accroît qu'à cinq ou six secondes depuis la nouvelle ou pleine Lune jusqu'à la) p. 56 & 106.

QUARTIER (le) de réduction doit être employé pour résoudre le triangle parallactique, p. 42.

—— on pourroit ajouter qu'il peut servir encore à trouver l'angle à la Lune & même l'angle parallactique, *ibid.*

—— (le) sphérique construit sur deux principes fort différens, & n'est autre chose qu'une projection, p. 43.

—— en quoi diffère le) sphérique, improprement ainsi appelé, de celui qui est tracé sur les anciens astrolabes, p. 44.

QUESTIONS (les) sur la quantité de l'obliquité de l'Écliptique sont en partie résolues, p. 22 & 23.

—— l'on résoud en général les) sur les meilleurs moyens de traiter les triangles sphériques, sans avoir besoin de recourir aux Tables des logarithmes, p. 45 & 51.

R

RADOUAI (feu M.) Capitaine de vaisseau, a publié quelques détails sur la manière de trouver l'heure sans calcul, à l'aide du quartier sphérique, p. 44.

RAYON (secteurs d'un grand) employés en Cayenne & au Pérou pour connoître l'obliquité de l'Écliptique, p. 22.

—— Astrolabes d'un grand) suppléent aux calculs, ou donnent des résultats fort approchés, p. 43.

RAYONS DE LUMIÈRE (abondance de) aux lunettes achromatiques, p. 87.

RECUEIL *in-folio*, des Observations de l'année 1735, nécessaire à consulter pour suppléer aux lacunes de celles de 1753, p. 104.

RÉFRACTION (la) n'accourcit pas la distance de deux Astres, lorsqu'ils sont à même hauteur, p. 82.

—— quantité de la) à la hauteur du Pôle de Paris, & sa variation de l'hiver à l'été, p. 83.

—— quels changemens la chaleur & la variation du baromètre apportent à la) à la hauteur de 5 degrés, p. 84.

—— attention particulière qu'il faut donner à la) variable selon le climat, p. 107 — 112.

—— Table de la) aux Zones tempérées, p. 108.

RÉTROGRADE (la nutation dépend de la situation du Nœud de la Lune) p. 7 & 109.

—— le Nœud) a reparu au Bélier en 1745 & 1764, p. 7.

—— époques de son mouvement & situation du Nœud) p. 72 & 74.

Rétrograde (l'Équinoxe ou le 1.er point du Bélier) sa précession, p. 75.

RHUMB (le) de vent ou le sillage étant donné, avec la différence en longitude indiquée par l'horloge marine, on peut trouver par-là quelle est la latitude; s'il n'est pas possible de l'observer immédiatement au moment de l'atterage, p. 20.

RICHER (distance des Tropiques & obliquité de l'Écliptique selon les observations de) p. 22.

—— l'Étoile polaire & sa distance au Pôle vue à Cayenne, &c. par) p. 109 & 112.

ROÏAS (la deuxième sorte de projection inventée par) suppose l'œil à une distance infinie, & par conséquent que les Méridiens sont des ellipses, p. 44.

S

SAGITTAIRE (l'ascension droite & déclinaison des Étoiles σ & υ du) p. 89.

SAROS (le) ou période de dix-huit ans dix à onze jours, supplée merveilleusement au défaut des Tables, p. 4.

—— le) contient 223 lunaisons, p. 7.

SAROS, mal attaqué dans les Écrits périodiques, comme il est prouvé, p. 75.

SEVIN, Artiste célèbre dont on conserve les astrolabes, & règles ou échelles logarithmiques dressées sous la direction de M.rs Picard & Sauveur, p. 13.

SIRIUS ou l'Étoile du grand Chien, son mouvement en latitude assez sensible, & en longitude contre l'ordre des Signes, p. 81.

SIZYGIES (l'Équation de la Lune à peine sensible d'un douzième de minute depuis la ligne des) jusqu'à celle des quadratures, p. 56.

SOLEIL (danger auquel on s'expose dans la Zone torride à prendre la hauteur du) pour en conclure la latitude, si on a négligé de vérifier l'heure, trois à quatre heures auparavant, par les hauteurs de cet Astre, p. 11 — 19.

—— le lieu du) si on néglige l'inégale précession de l'Équinoxe, peut être défectueux, & la variation s'accroître à une demi-minute, p. 56.

—— comment on doit mesurer la distance de la Lune au) à l'aide de ses deux bords, p. 55.

—— les Tables du lieu du) p. 59 — 73.

—— le demi-diamètre & mouvement horaire du) p. 73.

—— Équation lunaire qui dépend de la distance de la Lune au) p. 106.

—— comment on peut obtenir encore plus exactement le lieu du) *ibid.*

—— amplitude du) assujettie aux réfractions variables, p. 107.

SOLAIRE (il n'est pas encore prouvé qu'il faille changer la durée de l'année) p. 57.

—— Élémens de l'Astronomie) p. 56 — 73.

SOLSTICES (la Méthode des) de Halley est la même que celle où l'on propose de conclure la plus grande hauteur méridienne par trois hauteurs vues aux approches du vrai midi, avec le temps écoulé entre ces instans des hauteurs observées, p. 3.

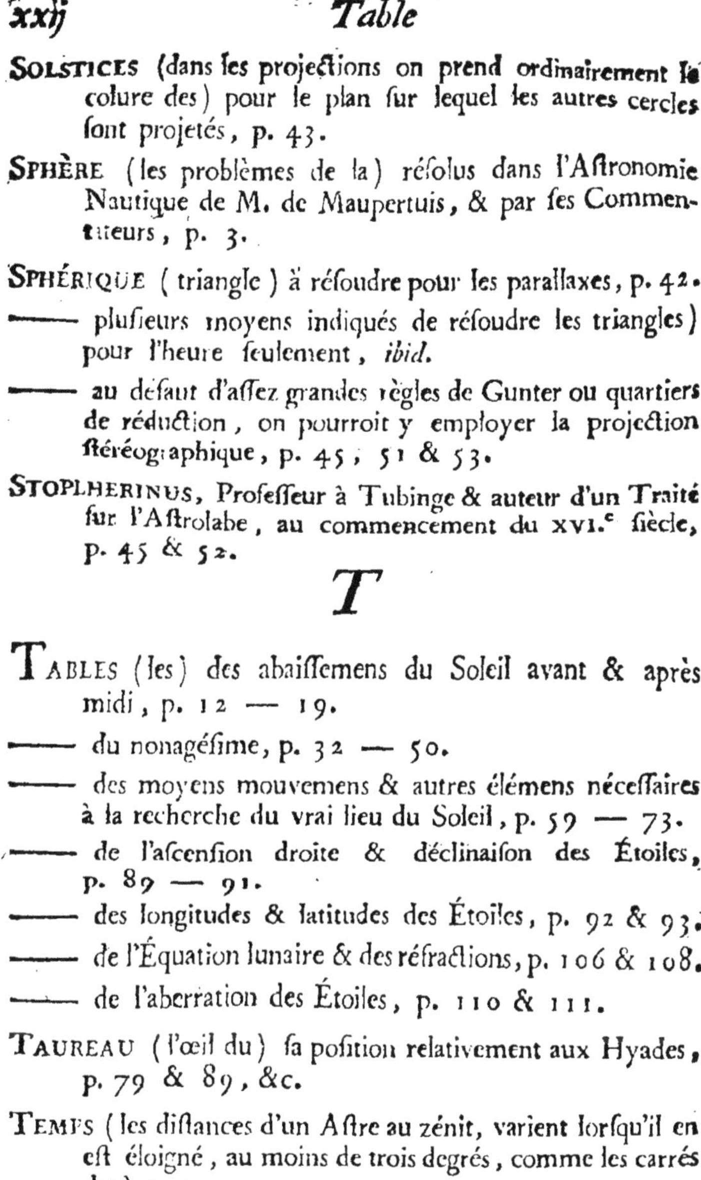

SOLSTICES (dans les projections on prend ordinairement le colure des) pour le plan sur lequel les autres cercles sont projetés, p. 43.

SPHÈRE (les problèmes de la) résolus dans l'Astronomie Nautique de M. de Maupertuis, & par ses Commentateurs, p. 3.

SPHÉRIQUE (triangle) à résoudre pour les parallaxes, p. 42.

—— plusieurs moyens indiqués de résoudre les triangles) pour l'heure seulement, *ibid.*

—— au défaut d'assez grandes règles de Gunter ou quartiers de réduction, on pourroit y employer la projection stéréographique, p. 45, 51 & 53.

STOPLHERINUS, Professeur à Tubinge & auteur d'un Traité sur l'Astrolabe, au commencement du XVIe siècle, p. 45 & 52.

T

TABLES (les) des abaissemens du Soleil avant & après midi, p. 12 — 19.

—— du nonagésime, p. 32 — 50.

—— des moyens mouvemens & autres élémens nécessaires à la recherche du vrai lieu du Soleil, p. 59 — 73.

—— de l'ascension droite & déclinaison des Étoiles, p. 89 — 91.

—— des longitudes & latitudes des Étoiles, p. 92 & 93.

—— de l'Équation lunaire & des réfractions, p. 106 & 108.

—— de l'aberration des Étoiles, p. 110 & 111.

TAUREAU (l'œil du) sa position relativement aux Hyades, p. 79 & 89, &c.

TEMPS (les distances d'un Astre au zénit, varient lorsqu'il en est éloigné, au moins de trois degrés, comme les carrés des) p. 13.

—— excellence des Montres marines pour mesurer les) écoulés & leur usage pour conclure, dans certains cas, la latitude, p. 20.

—— on trouve le) vrai par le quartier de Radouai, p. 44.

—— l'équation du) vrai au temps moyen, p. 70 & 71.

THÉORIE (la) de la Lune est le sujet actuel du Prix proposé par l'Académie des Sciences, p. 4.

—— Gregori & d'autres ont cherché à commenter l'Écrit de Newton sur la) de la Lune, p. 5.

—— (la) de M. Euler sur l'action des autres Planètes sur la Terre, p. 106.

TRIANGLES (les, sphériques peuvent se résoudre sans calcul, de même que les rectilignes, mais avec plus d'art, p. 42 — 45, 51 — 53.

TRIGONOMÉTRIE (la) réduite à des équations & expressions algébriques très-simples dans les premiers volumes de l'Académie de Péterſbourg, p. 41.

TROPIQUES (quantité de l'abaissement d'un Astre trois minutes avant ou après le méridien sous les) p. 17.

—— hauteurs & arcs du nonagésime sous les) p. 36 — 39.

V

VAISSEAU (le méridien du) doit être à peu près connu, lorsque par les observations de la Lune on veut le réchercher avec exactitude, p. 40.

VARIATION (on trouve quelque) dans la position des Étoiles prétendues fixes, p. 78 — 82 & 90 — 92.

—— quelle est la) dans la réfraction à 5 degrés de hauteur, p. 84.

—— à un degré, p. 108.

—— & dans la Zone torride, aux bords de la Mer du Sud & de la Mer du Nord, p. 108 — 112.

VENTS GÉNÉRAUX (les) qui règnent en divers parages, rétablissent la consistance naturelle de notre athmosphère, p. 107.

VERTICAL (si l'on veut connoître l'heure du Soleil avec plus d'exactitude, il faut prendre la hauteur de l'Astre proche le premier vertical) p. 11, 20 & 107.

VERTICAUX (les) représentés par des ellipses dans la projection orthographique, p. 44.

VERTICAUX (les) sont des arcs de cercles, de rayons inégaux dans la projection stéréographique, p. 45.

—— dans les projections, on peut substituer les) aux cercles horaires, si l'on considère en pareil cas, l'Équateur comme horizon, p. 52.

Z

ZÉNIT (sous l'Équateur les distances d'un Astre qui parvient au) sont proportionnels aux temps écoulés, p. 15.

—— & l'Astre qui ne s'approche pas plus de 3 degrés du) varie en hauteur comme les quarrés des temps écoulés, *ibid.*

—— distances au) du nonagésime, p. 34 & 35, 38 & 39, 48 & 49.

ZODIAQUE, Carte gravée qui se trouve au Dépôt de la Marine, p. 85.

—— utilités du) p. 40 & 86.

ZONE (quantité de la réfraction dans la) tempérée, p. 108.

—— la réfraction horizontale dans la) glaciale, *ibid.*

Fin de la Table des Matières.

CALCUL

DE L'ANGLE PARALLACTIQUE

Pour l'instant de l'émersion de Vénus de dessous le disque lunaire, le 27 Juillet 1753 au matin, à 5ʰ 11′ 43″.

L'ASCENSION droite du milieu du Ciel 24ᵈ 26′ 10″, nous apprend que la longitude du nonagésime étoit 42ᵈ 31′ 38″, celle de la Lune corrigée peut être admise 80ᵈ 26′ 58″; ainsi la différence en longitude ou base du triangle sphérique rectangle, à résoudre *(page 463 des Institutions astronomiques)* sera de 37ᵈ 55′ 20″ ou 38ᵈ moins $\frac{1}{12}$, & parce que les mêmes Tables qui ont donné la longitude du nonagésime, indiquent sa distance au zénit de 35ᵈ 36′ moins 3″ $\frac{1}{3}$, on aura les deux côtés d'un triangle sphérique rectangle connu, dans lequel il faut connoître l'hypothénuse & l'angle à la Lune; on fera le rayon, est au cosinus de la base, savoir 38ᵈ ci-dessus; ainsi le cosinus de l'autre côté 35ᵈ 36′ sera à un quatrième terme qui sera le cosinus de l'hypothénuse ou la hauteur de la Lune sur l'horizon, si elle n'avoit aucune latitude.

Prenez sur la règle de Gunter, l'intervalle de 90 degrés ou du sinus total à 52ᵈ plus $\frac{1}{12}$, & portez cette même différence de l'antécédent à son conséquent, sur le second antécédent, savoir 54ᵈ $\frac{4}{10}$ qui est le complément de 35ᵈ 36′; & le deuxième conséquent ou quatrième terme, sera indiqué par l'autre pointe du compas, savoir 40ᵈ moins $\frac{1}{10}$, ou plutôt 39ᵈ 54′; ainsi l'hypothénuse sera 50ᵈ 06′.

Pour trouver l'angle à la Lune.

On fera le ſinus de la baſe, eſt au rayon ou ſinus de 90^d; ainſi la tangente de l'autre côté de ce même triangle ſphérique rectangle, eſt à la tangente de l'angle que forme l'hypothénuſe avec l'écliptique.

Portez la pointe du compas obliquement, depuis la tangente du ſecond antécédent 38^d juſqu'au ſinus du premier antécédent, & la même ouverture donnera pour les conſéquens depuis 90^d ſur l'échelle des ſinus, juſqu'à $40^d \frac{2}{3}$ ſur celle des tangentes, l'angle à la Lune que l'on cherche.

Enfin $49^d \frac{1}{3}$, complément de cet angle, le ſera de l'angle du vertical avec l'écliptique pour le degré de longitude qu'a la Lune, ou que l'on a ſuppoſée juſqu'ici ſans latitude.

Pour l'angle parallactique en général.

La latitude de la Lune étant donnée, on peut trouver encore le vrai angle parallactique par l'échelle de Gunter, en réſolvant un triangle dont on connoît deux côtés & l'angle compris; il vaut mieux réſoudre ce dernier par trois analogies qui renferment le ſinus total, en abaiſſant une perpendiculaire ſur l'arc de latitude prolongé.

Il faut choiſir, ſi l'on peut, les analogies qui donnent des tangentes moindres que 45 degrés.

Reprenant la figure de la *page 463* des Inſtitutions & abaiſſant du zénit, une perpendiculaire $z\pi$ ſur le cercle de latitude qui paſſe par le lieu μ de la Lune, alors

la cotangente de l'hypothénuſe $39^d\ 54'$

eſt au rayon

comme le coſinus de l'angle à la Lune ou $49^d \frac{1}{3}$

eſt à la tangente $L\pi$ que l'échelle donnera de $42^d\ 13' \frac{1}{2}$.

La longueur $\zeta\pi$ de cette perpendiculaire ſe trouvera auſſi par l'analogie ordinaire des ſinus proportionnels aux côtés qui leur ſont oppoſés.

La latitude de la Lune Lp auſtrale eſt $3^d\ 47'\frac{1}{4}$, il reſt à réſoudre un triangle rectangle dont les deux côtés ſont connus.

On ſait d'abord que le rayon eſt au coſinus d'un des côtés, comme le coſinus de la perpendiculaire eſt au coſinus de l'hypothénuſe; c'eſt-à-dire que R : ſin. de $43^d\ 59'\frac{2}{3}$: : ſin. $60^d\ 1'$: ſin. de $36^d\ 59'$, complément de la diſtance de la Lune au zénit.

Enfin pour avoir l'angle parallactique, on fera ſin. $p\pi$: rayon : : tang. $\zeta\pi$: tang. p, ou bien ſin. $46^d\ 0'\frac{1}{3}$: ſin. 90^d : : tang. $29^d\ 59'$: tang. $38^d\ 43'\frac{1}{2}$, qui ſera l'angle parallactique que l'on cherche.

On opérera comme ci-deſſus à l'aide d'une échelle de Gunter, bien diviſée.

www.ingramcontent.com/pod-product-compliance
Ingram Content Group UK Ltd.
Pitfield, Milton Keynes, MK11 3LW, UK
UKHW012041240726
13965UKWH00003B/947

9 782013 475730